町の景観

消えるデザイン

高北幸矢

町の景観　消えるデザイン　目次

序　都市景観における「調和」という美辞麗句

多くの自治体で、都市景観に関わる仕事に携わってきた。都市景観審議会委員、都市景観基本計画策定委員、都市景観条例策定委員会、都市景観アドバイザー、都市景観をテーマとした講演会。それらの席で私は「調和」という言葉を使わなくなった。

自治体職員や委員が率先して使う「景観上、調和していることが重要である」に嫌気が差してしまったからである。

「調和」が具体的概念を見失い、ご都合主義の便利用語に成り下がってしまっている。多くの自治体の景観基本計画を見てみれば、そのことは明らかである。たとえば、「建物、工作物が周辺の環境に調和していること」のように使われる。この「調和」とは何だろうか。「似合っている」「違和感がない」「特別に変ではない」といった程度のものと受け止めることができる。したがって景観に関わる会議で具体例が取り上げられると、「これは調和していない」「いや調和している」とバラバラの見解となることが多い。

象徴的建造物、名古屋城の遠景景観を遮る愛知県体育館（名古屋市／2001年）

ある景観審議会の席で、建築家である委員が「たとえ真っ赤な建物であっても、私の判断において調和していると断定することができる」という発言があった。この唖然とする発言は、しかし、なかなか真理を突いていると思う。「調和」という言葉の定義を論ずることなくして、便利用語として使用していることへのアンチテーゼでもあるからだ。「調和」という言葉は、むしろ汚れきっていると言えるだろう。

「調和」という言葉がこうなる前に「目立つ」がある。六〇年代からの高度経済成長、八〇年代後半からのバブル経済の商業主義に祭り上げられた「目立つデザイン」は、あっという間に大氾濫を起こした。全国津々浦々まで、醜悪な風景が増殖していった。遺憾に思っていた人たちが、あるとき伝家の宝刀「都市景観」を振りかざし、「目立つデザイン」を一刀両断に切り倒そうとした。そして生まれたのが「調和するデザイン」である。

「目立つデザイン」が必ずしも悪いデザインではない。風景にアクセントを作り出し、緊張感を与える。それが公共性の高いものであるならば、地域のランドマーク*として景観をリードすることにもなる。それは住民

住宅街に建つ真っ黄色のビル、家並の連なりを乱す、強い違和感を生んでいる。（名古屋市／2001年）

の心を託す象徴としての存在感のある「目立つデザイン」である。エッフエル塔をはじめとして、世界中に好例が多くある。日本のいくつかの城もそうした存在として、魅力ある景観を創り出している。

「目立つデザイン」の何が問題なのか、「調和するデザイン」とは何か、その議論のない上でご都合主義に使われる「調和するデザイン」など、「目立つデザイン」はすべて良くないと言い放つ無神経さと何ら変わりはしない。

「消えるデザイン」の提案

「調和するデザイン」の定義が曖昧なまま、ご都合主義に使われるようになった今、言葉に明確なメッセージを持った「消えるデザイン」を提案したい。「消えるデザイン」とは、言葉の通りデザインの存在、デザインされた物の存在が消えるということである。もちろん実態はデザインも物の存在も消える訳ではない。「消える」と呼ぶにふさわしいほど視覚意識に及ばない状況を指している。

それは喩えて言うならば街路樹。花が咲けば、普段あまり意識され

ランドマーク*(英:landmark)目印となる地理学上の特徴物のこと。風景の目印

横浜みなとみらい=ランドマークとして建てられた横浜ランドマークタワー(2001年)

ていない木もそこに眼を向けて「美しい」と多くの人の関心を集める。花が終われば葉の緑が街の景観を和らげて、穏やかな景観を創り上げる。そして幹はその存在を消し続けている。花や葉を支えている幹は多くの人の意識に上らない。常緑樹はそうであるが、落葉樹は冬に幹の姿を現し、陽の恵みを歩道に見せる。

「目立つデザイン」が花ならば、「調和するデザイン」は葉、「消えるデザイン」は幹である。構造上不可欠であるけれども、その存在感を極めて弱くすることができたならば、都市景観に深い魅力を与えることになるだろう。「消えるデザイン」の提案は、それにふさわしい各地の事例を紹介するとともに、「都市景観におけるデザインとは何か」を考察するものである。

私たちは「都市」に住むわけではなく、「町」に住んでいる。

国の景観施策としては、一九七五年に伝統的建造物群保存地区制度、一九八二年に都市景観形成モデル事業、一九八八年には都市景観形成モデル都市指定などが創設され、歴史的風土や自然環境を生かしながら個

神社に隣接して紫色のマンションが建てられた。景観を阻害するものとして問題視された（金沢市／1990年）

その後、マンションは白色に塗り替えられた（金沢市／1991年）

性ある美しい町並みをもつ都市の育成・再開発が図られるようになった。

私の住む名古屋市は、一九八〇年に第一次都市景観懇談会を開催、市の都市景観形成がスタートした。その後、第二次都市景観懇談会、都市景観審議会と進み、一九八七年に名古屋市都市景観基本計画が制定された。同様な先進都市として、横浜市、神戸市があり、互いに研修機会を持ち、景観施策が進められた。

意識されたいのは、繰り返される「都市景観」という言葉であり、その概念である。都市景観が具体的にイメージしているのは、パリであり、ロンドンであり、ヨーロッパの美しい街並みの都市である。八〇年代、多くの日本人が海外旅行に出かけるようになり、日本の都市景観の醜悪さに気付き始めたのである。「日本にも美しい都市景観を!」の国の旗振りのもと、ヨーロッパのような美しい都市を造ろうということになったのである。時代はバブル期、美しい都市のための再整備予算が大きく取られた。

しかし、私たちは「都市」に住んでいるわけではない。「町」に住んでいるのだ。私は名古屋市に住んで市民税を払っている。それは名古屋市に所属しているのであって、住んでいるのは東区の代官町である。名古屋市都市景観基本計画重点地区に指定されている名古屋駅周辺や栄地区に住んでいる人は極めて少ない。

「私たちは『都市』に住むわけではなく、『町』に住んでいる」私の考えはここから始まっている。いまさら都市景観でも都市美でもない。私が三十年近く景観アドバイザー務めている半田市では、「ふるさと景観」のコンセプトのもとに景観施策が進められている。半田市では、町も村も、企業も商店もある。田畑があり、ため池があって川がある、小高い山があって港がある。圧倒的な山車が繰り出す半田祭りがあって、新美南吉の童話の舞台となった里山や里がある。江戸時代から町を繁栄に導いた醸造産業があり、それを支えた美しい運河がある。「都市景観」ではなく、「ふるさと景観」を大切にする考えの基本に歴史と風土、ものがたりがある。

目指す景観を「ふるさと景観」とした半田市のパンフレット（1995年）

1　「電柱は醜いから地下埋設」受売りの景観概念は、金太郎飴のようなありきたりの景観を造る

「ヨーロッパの街には電柱がない。日本は電柱だらけで、見上げた空には蜘蛛の巣のように電線が張り巡らされている。醜いことこの上ない」確かにヨーロッパの主な街を旅すれば、そんな気持ちになる。そしていつの間にか、電柱は都市景観における悪者の一つに上げられるようになってしまった。

岐阜県都市基本計画でも、「電柱は極力地下埋設すること」が盛り込まれている。一九八九年、岐阜県都市景観懇談会のメンバーであった私は、飛騨や美濃の美しい山村にある電柱を例に上げて、それは不可能だから、この一項を外すよう強くアピールした。が、全体の空気の中で反対意見に押し切られた。

「電柱は醜いものだから地下埋設する」可能なことなら、それも一つの方向である。しかし、バブル最中のこの頃でさえ、都市中心部の電柱地

日本のどこの町にも見かけられる、交差点では特に電柱の存在感が大きい（名古屋市／2023年）

高圧鉄塔のあるアルプス（スイス）の風景。山にも景観に配慮（インターラーケン／1986年）

下埋設に予算確保が難航していたのである。飛騨や美濃の町村では観光地を除いてほとんど手つかずのままである。そこで、景観の邪魔者として掲げられた「電柱は醜い」が無力に印象付けられる。それまではなんとなく風景に馴染んでいた電柱が、そうした考えのもとに急に醜く見えてくる。景観は強い意見に善悪の影響を受ける。逆ではあるが桂離宮が、ブルーノ・タウトの絶賛により、美しく見え始めたように。

「ヨーロッパには電柱がない」は正しくない。主要な街には電柱がないが、それはヨーロッパ全体から考えて四十パーセント程度とのことである。四十パーセントでも日本と比べると途方もない高い比率ではあるが。ヨーロッパの田舎町を訪れると、やはり電柱がある。そして、それはそれなりにいい感じの風景である。日本の電柱も都市には似合わないが、田舎に行くとなかなかいいなと私は思う。

アルプスの麓にあるインターラーケン(スイス)というリゾートシティを訪れたおり、山中に高圧鉄塔を見つけた。あるのは当たり前であるが、目を凝らさなければ見つけることができないほどの存在感であった。実

航空法で定められた日本の紅白の鉄塔。現在はフラッシュランプを取り付けることでも対応可能(半田市/1995年)

中部電力未来タワー(元名古屋テレビ塔)は一九五四年に建設、紅白の色指定の航空法は一九六〇年に制定されている(名古屋市/2023年)

際バスに同乗しているツアーメンバーは誰も気付かなかった。その高圧鉄塔にカラーリングされたグリーングレイの色彩は、空に対しても森に対しても、見事に「消えるデザイン」であった。日本の航空法*で定められた紅白に比べて、その風景に対する配慮の違いに驚くばかりである。

電柱のように醜いと決めつけ、その存在を消そうとして、あげくは手付かず、醜いという印象ばかりが残る。消すどころか醜いという認識を強く意識させてしまう。安易な景観理論を振り回すのではなく、そこにある一つの現実の風景をやさしい心で見つめたい。

ヨーロッパの主な都市の無電柱化率ほぼ百パーセントに対して、日本の政令指定都市の無電柱化率を紹介する。先進ヨーロッパの事例のみならず、アジアにおいても香港百パーセント、台北九五パーセント、ソウル四六パーセント(国土交通省サイト)である。政令指定都市というのは高額な予算を持ち、景観のみならず、密集化に伴う災害時対応への配慮の点でも電柱の地下埋設は求められる。費用の負担は、国、自治体、電力会社の等分、いずれも市民が負担するものである。

航空法*高さ60mを越える建造物は紅白に塗装すること

全道路(高速自動車国道及び高速道路会社管理道路を除く)のうち、電柱、電線類のない割合、各道路管理者より聞き取りをしたもの

出典：国土交通省道路局

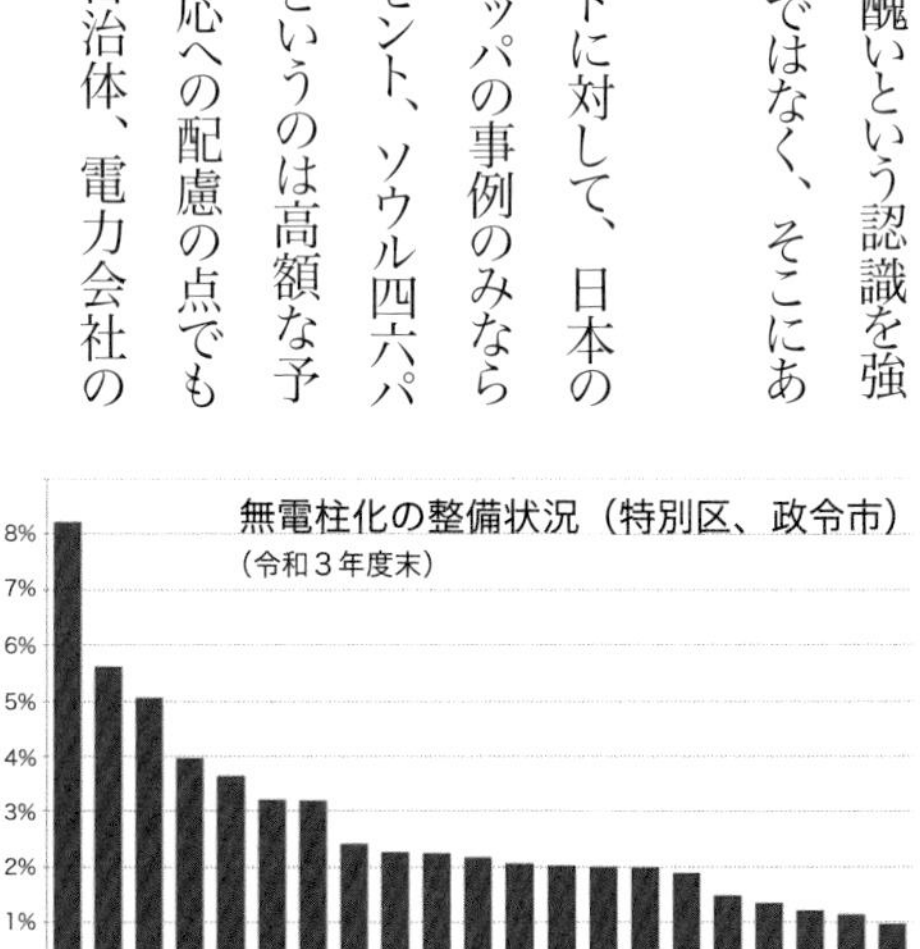

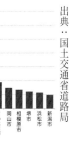

2　存在そのものに価値を見出そうとするフェンス（柵）は、その社会の醜さを象徴する

フェンス（あるいは柵）、なぜこのように醜いものが町にあふれているのか。フェンスとは何か、何のためにあるのか。ひとつは他地域からの不法侵入、またうっかり侵入を防ぐため。あるいは境界そのものを示すために。そしてそれらの意味するものは互いに曖昧である。ちなみに日本の田舎では田舎に行くほどにフェンスが無い。

日本では古来、心理に訴える優れたデザインの柵が用いられてきた。銀閣寺のぎっしりと繁った椿の生垣、また名古屋市瑞穂区にある三菱ＵＦＪ銀行暮雨巷《ぼうこう》の竹柵など例を上げれば数に限りない。侵入を防ぐための生垣であり柵であるが、物理的に侵入を防ぐことよりもその美しさ、精神性の高さによる心理的な効果が高い。

境界は、柵を必要とするとは限らず、一本の木、一個の石でそれを示すこともできた。茶室に至る庭の露地などで、客が立ち入るべきでないこ

暮雨巷は野崎氏の別邸としてつくられ、俳人の久村暁台が求めて居宅とする。以降持主が変わり、大正十年に前津の龍門園から現在地へ移築されている（１９８５年）

とを示すため、目印として縄で結わいた石（関守石・留め石）、あるいは小石に差し渡した竹筒などを置き結界とする。また鳥居、近畿地方に残る勧請掛《かんじょうが》け＊など強く心理的境界を示すデザインがある。

近代ではそうした心理に訴えることは乏しくなり、侵入を防ぐための物理的障害としての形態、デザインが求められるようになった。高いブロック塀、鉄条網、あるいは忍び返し、社会の刺々しい人間関係が見えてくる。

よく見かけるありきたりなネットフェンスは、やたら毒々しい色が施されたものも多い。ペパーミントグリーンの色などが、さも美しい色と言わんばかりに使われているのを見ると、その品の無さに悲しくなる。土や道路の色、周辺の植物との違和感ばかりか、目立たせることによって侵入してはならぬことを強く誇示している。

安全性や境界を示すことよりも、誇示そのものが目的化し、多くの注意書きが張られており、それらを犯した場合の責任逃れになっている。公園や親水地域など行政が施したものにそうした姿勢がうかがわれ、視覚

勧請掛け＊村境に、呪物を付した注連縄を張る習慣。道切りとも呼ばれる（名張市／1980年）

的だけでなく心理的にも見苦しい。

　デンマークのコペンハーゲン郊外に、世界一美しい美術館と呼ばれるルイジアナ美術館がある。美術館に「世界一美しい」という形容は少々恥ずかしくもあるが、訪れた人の期待に充分応える美しい景観の美術館である。漁師の民家を残しながら改築した建物は、海に向けて小ぢんまりと品が良い。小さな美術館と思いきや実は膨大な地下展示室を有しており、パブロ・ピカソ、ジョアン・ミロ、アルベルト・ジャコメッティ、アンゼルム・キーファーなど大コレクションで充実している。休憩スペースに置かれた椅子はデンマークを代表するデザイナー、アルネ・ヤコブセンはじめ著名なデザイナーによるものである。美術館の二つの棟の間には彫刻の庭があり、ヘンリー・ムーア、アレクサンダー・カルダー、ジャン・アルプなどの作品が置かれている。

　その一室に子どものためのアトリエがあり、ちびっこたちが賑やかに制作している。アトリエは、中庭が開けていて明るい。庭には子どもたちの大きな立体作品が展示されている。その庭に大きな池があり、池の周

多くの忠告看板のあるペパーミントグリーン色のフェンス（名古屋市／1988年）

りに柵がない。自由にアトリエを飛び出して庭で遊ぶことができるのにである。近づいてみると、そこには自然木の杭に細いワイヤーネットが張られており、救命浮き輪とともに安全が確保されていた。

ほんの少し離れたら消えるデザイン。障害は物理的に必要なもので、視覚的にあるべきものではない。美しい建物、作品、景観、ルイジアナ美術館の思想を讃えたい。

ルイジアナ美術館の遠くからはほとんど見えないフェンス
（デンマーク／１９９５年）

3　ごみ袋といえど、
町にあるものは全てその町の景観を形成する

名古屋市の藤前干潟ごみ処分場建設中止は、野鳥の安息地を保護するという生態系環境問題から、ごみ減量問題へと転移し、市民の新たな動きとなってマスコミを賑わせた(一九九八年)。

こういうきっかけがあって環境に大いに関心が高まることは、いつも社会の進化への動きである。名古屋市東区代官町町内会では、自主的に事業所から出る新聞、雑誌などの資源ごみ回収を始めた。また中村区の新大門商店街は、瓶や缶、新聞紙などリサイクルできる資源ごみの自主回収を始めた。

藤前干潟のごみ処分場建設反対の大きな声に対して、同調できなかった多くの市民の声は、「でも私たちの出したごみはどうなるの」というものだった。天に唾を吐いて、その結果ごみ減量のさまざまな市民運動に結びついたとしたなら、全国に報道された藤前干潟ごみ処分場問題も、

藤前干潟/庄内川河口のアシ原の漂流ゴミと休息する水鳥(コガモ、アオアシシギ、アカアシシギ)
出典：ウィキメディア・コモンズ(2012年)

救われるというものである。

名古屋市は、藤前干潟ごみ処分場建設中止(一九九九年一月)を受けて、「ごみ非常事態宣言」を発表(同二月)した。その中に「ごみ減量のための分別徹底や、市職員が袋を回収する場合の安全性を確保するために透明、半透明の袋を導入する」方針が打ち出されている。可燃ごみが半透明、不燃ごみが透明である。現状は黒いポリ袋やスーパーマーケットの白い不透明の袋が使用されている。私の近所のスーパーマーケットでは、市の方針を受けて早速袋が半透明に変わった。店内の張り紙には「ごみ袋としての利用が多いため、当局の要請により半透明に変えました」とある。当局とは名古屋市環境事業局であろう。

黒いごみ袋は、プライバシーを守るためのものと思われる。透明ごみ袋の行政施設での使用が可能であっても、一般家庭への導入が難しい訳はここにある。プライバシーに隠れて分別意識が薄れるがゆえに、透明、半透明ということになる。論理的にはプライバシーが守られながら、分別、減量も可能なはずである。、プライバシーか環境保全かの二者択一を迫ら

移行前の不透明の水色と黒色のごみ袋、現在は分別内容が明記された透明の袋(名古屋市／1999年)

れて、返答できない状況である。ルールを守ることのできない市民にプライバシーなどないということだ。回収日すら守ることのできない状況に対して、ごみ袋を目立たせることにより責任意識を高める方法も実施されている。ごみ袋をピンク色にした愛知県小牧市や半田市などがその例である。（二〇〇〇年現在）

二〇二三年現在、名古屋市は九種類の分別によってごみ回収処理を行っており、毎年度検討され変更される。このごみ分別方法は各自治体によっても異なっており、それはごみ処理能力が、年代によっても、自治体によっても異なるからである。

朝の心地よい散歩や、その町に観光で訪れた人への配慮など全くない。ごみ袋が明らかに景観を損なうものであり、無くすことができないとしたら、できる限り目立たない存在であって欲しいという考えなど、あまりにも次元の異なることなのだろうか。街角に中身の透けたごみ袋が置かれることは、視覚的にはゴミが放置されることである。

スイス、チューリッヒの街にもごみ袋は出されるが、それらには迷彩が

ピンクのごみ袋（愛知県・半田市／1999年）

施され、少し離れて見ると、その存在はびっくりするほど消える。景観を大切な価値と認識するチューリッヒ市民が生み出した「消えるデザイン」である。

ちなみにスイスでは、ごみは七種類に分けられているという。テレビで知ったのだが、七十歳の女性に「七種類分別は大変ですね」と質問していた日本人のインタビュアーに対して、「いえいえ当たり前のことですよ、私は子どもの頃からずっとそうしてきましたから」と。ごみを捨てる海がなく、世界に誇る美しい国土で生きる姿は、圧倒的なごみの減量を実現し、ごみ袋に迷彩を施している。

近年、カラスのごみ袋荒らしがひどく、生ごみを散らかして景観を損ない、かつ不潔な状況になってきている。対策として、集合住宅ではごみ収集庫を設置するようになってきた。景観上も配慮されており、やがて町からごみ袋が消える日が来るかも知れない。

迷彩柄の施されたごみ袋（チューリッヒ／1995年）

ごみ収集庫（名古屋市／2022年）

4　時として文字もまたごみ、
フラワーポットは大地のようにやさしく

私のオフィスはマンションの一室で、そのベランダには百二十もの鉢、手作りのプランターが並んでいて、仕事の疲れを癒やしてくれる。花殻を取ったり、植え替えたりで、また仕事が遅れるという有様である。

ガーデニングブームは去ったが、むしろ好きな人は定着したかに思える。歩道に向けて花が溢れている。花が取り持つ花友達も増えている。エコロジー精神、景観形成、まちづくり運動、セラピー効果、高齢社会、働き方改革、果ては不景気まで、さまざまな社会現象がそのバックボーンになっている。だが町が楽しくなる、美しくなる、とても良いことだ。

三十五年ほど前に、商店街の活性化のためにフラワーポットを置くことを盛んに提案したが、水をやらない、世話をしない、壊される、盗まれる。フラワーポットの提案は、荒らされた花のように虚しかった。今ではあの頃の荒らされた状況が嘘のようである。街路樹の合間の小さ

プランターに標語を表示して、花の美観を損ねる（岐阜県可児市／1990年）

な地面にも個人で花を植えている人が珍しくない。公共の私有化ともいえるが、私有の公共化と言い換えることもできる。

よく手入れされた花はみな美しく、道行く人の心を癒やしてくれるが、プランターやフラワーポットの方へも、もう少しデザインへの配慮が欲しいものである。廃品利用のブルーバケツ、発泡スチロールのトロ箱、年月とともに傷み、崩れたままの利用は、美しい花もみすぼらしくかわいそうだ。

市販されているプランターやフラワーポットも奇妙な花模様やカラフルな色などの小賢しいデザインは、おしゃれでも何でもなく、そのおしゃべりは花のやさしいささやきを聞こえなくしている。

プランターやフラワーポットは、大地の風景の繋がりである。大地のように地味で、無口で、豊かでありたい。土の色、石の色、そしてやきものの色であることが、どれだけ花を鮮やかに、華やかに見せることだろうか。

自治体や町内会のもので、プランターに「花いっぱい運動」「街を美しく」

石造りのプランター（ドイツ・ローテンブルグ／1990年）

大きな焼きもののフラワーポット（デンマーク・コペンハーゲン／1991年）

のメッセージを入れたものをときどき見かけるが、最悪である。心に届かないこうしたメッセージは、主体者の責任逃れと、「自分たちはいいことをしている」という自己満足に過ぎず、花が偽善的に利用されたものとして目に映る。メッセージを含め文字もまた花にとっては不要なもので、ごみとなるものであることを認識すべきである。

北ヨーロッパでは、花が天使のように迎えられている。ドイツ南の小さな町ローテンブルグで、石を穿って造られたプランターを見つけた。デンマークのコペンハーゲンでは、赤褐色の焼きもので造られた大きなフラワーポット、スイスのチューリッヒの街角では、真っ黒い釉薬の焼きもののフラワーポットが美しく花を彩っていた。また岐阜県の飛騨高山町では、使われなくなった水車を見事にプランターやフラワーポットに再利用している。それぞれ町並みに似合った見事な風景を生み出している。花が美しければ美しいほど、プランターやフラワーポットは、その存在感を消していく、大地のようにやさしいデザインである。

黒い釉薬のフラワーポット（スイス・チューリッヒ／1995年）

水車の再利用のフラワーポット（岐阜県高山市／1993年）

5　まちの花から幹へ、チャコールグレイの郵便ポスト

銀座、中央通りはこれまで何度歩いただろう。おそらく百回は超える。一九九九年の夏、ふとそこにチャコールグレイの郵便ポストを発見。発見というのは少々大げさではあるが、その時の私はまさにそんな気分だった。通り過ぎて、目に映っていたものが「今のは何、もしかして郵便ポスト……」立ち戻って確認。それは既に塗装が一部剥げかけている状態、つまり、何年も前からそこにあったということである。

朱赤の郵便ポストが常識、その常識を変えられたら、タウンウオッチャーの私の目からも存在は消えてしまう。全ての色彩の中で赤色が最も彩度が高く、黒が最も低い、チャコールグレイはそれに準じる。

早速、ポストのすぐ近くにあった銀座郵便局に飛び込み、朱赤色ではない理由を尋ねる。突然のちょっといかがわしい質問に、局長は優しく対応してくださった。「一九九〇年、銀座中央通りに開局となった際、通りに郵便ポストをということになりました。それまでこの通りにポス

銀座中央通り、チャコールグレイのポスト（東京銀座／1999年）

トはありませんでした。ポストといえば当然赤色ですが、それではこの街並みに合わないのではないかと、これからこの街で営業させていただく身として、地域の方々に相談させていただきました。結果、銀座の雰囲気に合わせてということで、グレイに決まりました。」

郵便ポストが朱赤色の場合は、建設省（現在は国土交通省）に認可済みで届ける必要はないが、それ以外の色は、改めて認可を得る必要があったとのことである。ちなみに、日本で郵便制度がスタートしたのは一八七二年（明治五年）、その当時は木製の白い箱、その後黒い箱に変更。一九〇一年（明治三四年）に初期鋳物製を採用したとき、黒では目立たないということで朱赤色に決定したとのことである。今もごく一部現役で残っている。鋳物製郵便ポストは、イギリスのデザインを参考にしたとのことであるが、色彩についての詳しい記録は残されていない。

ロンドンのグレイトーンの街並みにあって、二階建てバスとともに真紅の郵便ポストはアクセントカラーとして魅力的な景観形成に寄与している。日本においても、明治、大正の面影を残す町の駅や商店の前で、

ロンドンの赤いポスト（1980年）

旧明智町役場の前のポスト（岐阜県恵那市／2003年）

今も朱赤色のポストは、なつかしくも美しい風景として残っている。

電話が各家庭に行き渡るまでは、郵便が唯一の広域情報手段であり、半世紀ものあいだ郵便ポストは町の花としての存在であった。電話の普及以降は、多くの通信手段が使われ、町の花は影が薄くなっていった。郵便は今も重要な情報手段であることに変わりはないが、強く目立つ必要は無くなってしまった。

そのような中で、銀座中央通りの郵便ポストがチャコールグレイの色で、あたたかく迎えられていることは、まちの風景をどう考えればよいのか、素晴らしい試みとして拍手を贈りたい。

ちなみにポストの赤色系は世界共通というわけではなく、ドイツやスイスは黄色、アメリカは青色、中国は深緑色と様々である。日本においてもチャコールグレイの他に、愛知県西尾市にある抹茶色（お茶の名産地を象徴）、速達用の青色などがある。島根県松江市のピンクの「幸運のポスト」、新潟県十日町の「幸福の黄色いポスト」など、日本の異色ポストは、景観上というよりもまちづくりの視点で誕生している。

旧家の前に立つポスト（半田市／1993年）

レンガ塀に埋め込まれたチューリッヒの黄色のポスト（スイス／1983年）

6　マイナーな存在としての歩道橋、カラフルな色が美しい景観ではない

「消えるデザイン」とは、その主張、存在感をできる限り消しさることによって、周辺との調和を図ること。また魅力的な景観に光を当てるための陰となることである。しかし、本当に消すことができれば、景観上こんなに好ましいことはないというものもある。

たとえば歩道橋(正しくは横断歩道橋、交通安全上のその機能的是非論は賛否両論あるが、ここでは省く)である。ヨーロッパの魅力的な都市景観を語るとき、電柱、醜悪な看板や建築、自動販売機等のほか、歩道橋がないことがどれほど大きな要因か、ご存知のとおりである。

日本の町でも、高齢社会を迎えて歩道橋を増設することはさすがに無くなったが、一旦あるものを無くすことはできないでいる。

名古屋市都市景観アドバイザーの立場にあった一九八九年、桜通にある布池歩道橋のカラーリングを依頼された。「存在そのものが景観上マ

カラーリングデザイン前のベージュ一色の旧歩道橋（名古屋市／1989年）

イナーなものに何色を配しても美しいということはありえないのではないか」「では今のままのベージュ一色で良いのか」苦悶の中で、結局「マイナーな存在である歩道橋の存在感を、カラーリングで消す」という考えで自分を納得させ取り組んだ。

幅約五十メートルの桜通に架かる巨大な歩道橋を消すためには、その空間にあって最も目立たない色(いわゆる保護色)を使用することである。時間、天候別に何度か現場に通い決定した色は、明度3のグレイ、アスファルトが日陰になった色である。しかし、全面グレイの大きな工作物は返って存在感を与えてしまう。そこで、手摺、橋桁の裏、橋脚などの付随する部分にグレイを使用し、歩行者やドライバーから最も目に入る橋桁側面には、対比的に明度9のオフホワイトを使用する。さらに、やや豊かなイメージを添えるために明度3の深緑を加えて水平のツートンカラーにする。橋桁の側面を薄く見せ、シャープな印象を与えた。町のある面を塗装する場合、安易に緑色が使用されることが多いが、原色に近い緑色は街路樹などの緑と競い、勝ってしまう

カラーリングデザイン後の歩道橋
(名古屋市/1989年)

危険性が高い。緑を使用する場合は、必ず樹木の緑よりも低い明度、彩度の低いものを使用するように注意したい。かつて著名な建築家が「町に緑の植物がほしいのであるなら、建物を緑色に塗装すれば良い」という暴言を吐いたが、塗装色の緑は決して植物の緑の代用にはならない。

結果は、歩道橋がここまで主張を抑えることができるのかと自分でも驚くような出来映えであった。評判も大変良く、その後桜通の他の歩道橋も全て同じカラーリングに塗り変えられ、桜通の目印にもなった。

ところが十年後、まだ塗り変えの時期ではないのに派手な水色のパステルカラーに塗り変えられた。明るくカラフルな色が美しいと思っている幼稚な思考が支配的で、快適で美しい都市景観を育んでいくことは誠に難しい。

シンガポールの歩道橋は、蔦植物がからまり覆われており、本物の緑の歩道橋となっている。ガーデンシティといわれるシンガポールの気候のなせる技であるが、こういう「消えるデザイン」もあるのかと感激した。

緑の蔦で覆い尽くされた歩道橋（シンガポール／1992年）

7　無神経に配置されたベンチは寂しい、使用するとき出現するベンチ

ストリートファニチャー*のシンボル的存在であるベンチ(ここではスツールを含めた意味で使用)は、広い歩道ができたり、ポケットパーク*ができたからと当たり前のように設置される。ベンチがあるから座るのではない。座りたい気持ちに添うようにベンチの設置を考えなければならない。ときにはベンチがないほうが望ましいかもしれない。維持管理費が不充分で、日々汚れ、朽ちていくベンチを見ると悲しくなる。

日本の町では、欧米風を気取りながらアジア的無秩序混沌が支配する。無秩序を否定しているわけではない、どちらともつかない景色が広がっていることが多い。予算ありきで北欧の白いベンチを真似ても違和感だけが残る。いっそベンチが無ければ、それなりの穏やかな風景になるものを、まるで粗大ごみが放置されているような状況を作り出していることもある。一方で、駅周辺の移動通路や待ち合わせ

ストリートファニチャー*とは、街灯・ベンチ・電話ボックスなど街路に配備された家具的存在

ポケットパーク*とは、洋服のポケットのような小さな公園。一九八〇年頃から全国に広まった

ツリーサークルを兼ねるベンチ(岐阜市／2022年)

空間では、経済効率第一主義で充分なベンチ数を確保できないことを理由にベンチが無いことが多い。それは弱者への配慮が欠けていることである。ところが疲れた人は、どこでもどういう状況でも休んでしまう。手摺にもたれたり、スーツケースの上に座ったり、花壇の縁に座ったり、ときには地べたに座ってしまうこともある。

ローマのスパーニャ広場に、トリニタ・デイ・モンティ教会へと続くトリニタ・デイ・モンティ階段、通称「スペイン階段」がある。映画「ローマの休日」で、オードリー・ヘプバーン扮する王女がジェラートを食べたシーンでもおなじみの場所である。この階段は映画の影響もあって、階段として利用している人よりも、ベンチ代わりに使用して楽しんでいる人が極めて多い。スペイン階段の応用例は日本のあちこちに見かけられるが、ほとんどが階段としてもベンチとしても機能されず、寒々とした大階段が広がっていることが多い。

なお残念なことに、スペイン広場の階段も保全のため広場での飲食や階段での座り込みが法令で禁止され、「ローマの休日」のシーンのよう

スパーニャ広場のスペイン階段。現在は座ることが禁止されている（ローマ／1980年）

にジェラートを食べたり座ったりすることができなくなっている。

人を集めるために休憩装置を設置するのではなく、人が集うところに休憩装置を設置するのがデザインである。駅の周辺、バス停付近、利用度の高い公園、待ち合わせのスポットなど。デザインに何ができるか、謙虚な姿勢の中に魅力的なデザインが生まれる。

街路樹の根を護るためのツリーサークル、ガードの高さをベンチサイズにして配慮をしたもの。屋外彫刻やモニュメントの設置台の高さを低めにして配慮したり、あるいは夏に限られるが、噴水の周りも飛沫を浴びて涼むベンチもあるだろう。

私たちが目にするまちの風景は、建物でも、橋でも広場でも、ストリートファニチャーから道路にいたるまで、なんと騒々しいデザインに満ちているのだろう。使用するときに出現するベンチのようなものは、狭い日本のまちにゆとりを生み出すだろう。「消えるデザイン」の理想の一つと言える。

ベンチ利用に配慮の彫刻台（名古屋市／１９７８年）

旅気分を盛り上げるトランク型ベンチ（ソウル／２０２０年）

8　パブリックサインボードから、ボードを無くす試み

パブリックサインボード(公共案内標識板)は、高い注目度が求められる機能性と景観美意識の融合が求められるストリートファニチャーである。あれば便利であるが、ともすると過剰で見苦しくなりがちである。

私は長く都市景観とサインデザインに関わるものとして、いつも自らに厳しい問い詰めを課している。いかに目立ち、いかに目立たないか。つまり、必要な人に強く目立ち、必要でない人にいかに弱い存在であることができるか。日本の町のように、屋外広告物(商業看板)の無法地帯ともいえるところでは、戦場でガーデニングをやるような困難がある。

パブリックサインボードで重要なのは、サインであってボードではない。たとえば「サインだけでボードを消すことができないか」といった考えを究極としている。サインボードにおけるサインの構成要素は、案内のための文字(タイプフェイス)、絵文字(ピクトグラム)、矢印である。ボードはそれらを支えるためのものである。既存のものの中には、やたらボ

名古屋市地下鉄のサインボード(1989年)

ードばかりが目立ち、景観を損ね、その犠牲の上に立ってサインが機能しているものもある。イベント会場や商業施設内であるなら、賑わいもひとつの魅力であるが、町では公共という深い配慮が必要である。

一九八九年に、私が手がけた名古屋市地下鉄（名古屋市高速度鉄道）サインシステムでは、白い文字や矢印を際立たせるとともに、地下鉄空間において最もボードが目立ちにくい色として、明度4（内照式ボードでは明度5）のチャコールグレイを使用している。周辺環境に溶け込んだボードから、いかに強く美しくサイン情報が訴えてくるか、そしてその情報が信頼性を獲得できる確かなものであるかどうか。それがサインデザインの価値である。そのほか、速読性を高めるための記号化、路線別色彩分類、商業広告との分離などB4百ページに及ぶマニュアルにシステムを規定している。システムの一貫性は、信頼性と解読性を高める。

ボードがサインを際立たせるための役割を果たしながらも、周辺環境と調和させた優れた例として、一九九〇年に大阪で開催された「国際花と緑の博覧会（通称：花の万博）」の会場サインがある。ボード部分が

「国際花と緑の博覧会の会場」会場サインボード（大阪市／1990年）

ブルーグレイのネットでできていて、背景が少し透けて見える。サインとボードの関係を見事に解決している。残念ながら、このような優れたサインボードを設置しておきながら、追加で加えられたサインボードは全くありきたりなデザインで、その不統一感は全体をぶち壊している。悪貨のパワーは強く、いともたやすく良貨を駆逐する。

「ボードを消す」という発想で、おもしろい実例がある。立川市の基地跡地開発プロジェクト「ファーレ立川*」のサインである。ボードに強化ガラスを使用し、完璧なまでにボードの存在感を消した。しかし残念ながら、周辺風景と溶け合い過ぎ、また、文字などのサインそのものまで溶け込んでしまって機能性を弱めている。さらに強化ガラスという安全に十分配慮されたものであっても、見た目にはガラスそのもので、割れるかもしれないという心理的不安はぬぐいきれない。信頼を得るということは、視覚的安心からも求められる。

「目立つ」と「消す」を同時に実現しなければならないパブリックサインボードは、デザインそのものの魅力であり、課題でもある。

ファーレ立川*とは、一九九四年に住宅・都市整備公団(現:都市再生機構)によって施行されたJR立川駅北口の米軍基地跡地の再開発事業により完成したエリア。北川フラムのディレクションにより、三六か国九二人のアーティストによる一〇九のパブリック・アートが設置されており、「アートの街」としても知られている

ファーレ立川のサインボード（1995年）

9 便利を隠れ蓑に、増殖し続ける自動販売機は景観破壊機

完全に生存権を得てしまった自動販売機（以後自販機）。その必要性の是非を問うことさえない現在の日本。自販機の設置数においては、全ヨーロッパ、アメリカと競う状況である。

強い色彩を施され、それぞれの形態サイズで僅かな隙間に置かれた自販機は、景観上は明らかに粗大ごみである。どれだけ建物のファサード*に神経を使っても、一台の自販機がそれを壊してしまう。

町並み保存地域で自販機を杉板で覆ったものを見かけたが、おできに絆創膏を貼ったようで、なお不快さが露呈する。電柱や商業看板を景観に配慮して禁止するところは多いが、なぜ自販機を排除しようとはしないのか。私たちはあまりにも便利というものを求め過ぎてはいないだろうか。

全国で「空き缶ポイ捨て禁止」運動が盛んだ。やたらとマナーを訴え

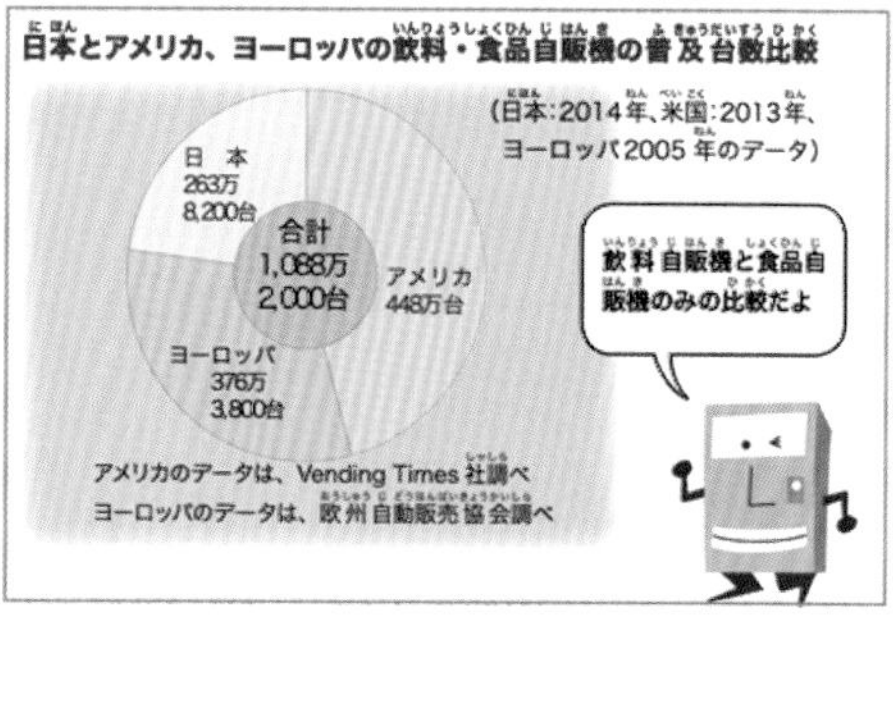

出典：一般社団法人 日本自動販売システム機械工業会ホームページ

ファサード*とは、建築物の正面部分（デザイン）のことである。最も目に付く場所であり、町並みを形成するもので、景観上極めて重要視される

ている。空き缶ポイ捨ての元凶は、誰が考えても自販機である。散歩をしていて、空き缶を拾っていると、捨てられている周辺に必ず自販機がある。中には空き缶入れが設置されていないものや空き缶が溢れているものもある。しかし、そもそも空き缶入れぐらいでは対応できていない。自販機が便利だから利用されているとするならば、買って歩きながら飲んで、元の自販機の空き缶入れまで戻ることなどありえないからだ。便利大好き人間にマナーなど訴えても無駄である。

名古屋の街の顔である久屋大通は、名古屋市景観モデル地区でもある。この大通に自販機が六十台設置(二〇〇一年著者調査)されている。景観モデル地区にもいろいろあるが、久屋大通の場合は、都心としての都市性、スマートさであり、シャープさである。下町の賑やかな楽しさではない。名古屋の顔として多数の自販機は残念な限りである。

ヨーロッパの町を、学生たちと研修旅行で歩いていると、その美しさに多くの学生が頷くが、自販機のないことに気づく者は誰もいない。すでに研修旅行は何日も過ぎている。つまり、自販機好きの若者たちであ

自販機のない落ち着いた街並み(イタリア・コモ/1997年)

自販機の広告を排除して景観に配慮(名古屋市/2020年)

っても、自販機がなければ街角で飲み物への欲求が起きてこないのである。私たちが便利と感じている自販機は、実は自販機によってかきたてられた欲求の解消にほかならないのである。

二〇〇〇年十月十六日の中日新聞に「自販機あらし―悪質行状に孤独な戦い」と題して、自販機オーナーの苦情が面々と語られていた。「『被害に遭うと、朝から晩までむしゃくしゃして、嫌な気分がずっと消えなくて…、…いったいどうすればいいのか』オーナーはやり場のない怒りをぶちまけ、途方に暮れる。」とあった。

「いったいどうすればいいのか」止めればいいのに、そういう答えもあるのだ。まさか「喉の渇いた市民のために、潤いを提供している奉仕精神」ではないだろう。あくまで商売欲から生まれてくる苦痛である。自販機あらしの味方をする訳ではもちろんないが、苦痛が自らの欲望から発していることに気づいて欲しい。自販機など不要と考えている者もいる。自販機を消すためには「設置しない」しかなない。因みに銀座中央通りに自販機はない。

自販機の並ぶ名古屋の久屋大通（2001年）

10 美観を損なう交通標識、駐車禁止の標識ポールを消す

車道中心の町、便利と経済性を追求する車、日本の交通事故数はピーク時の半減になってきているが、まだまだ三十万九千件を超える状況である(二〇二〇年内閣府報告)。ルールを表示する交通標識、私たちはその交通標識に対してあまりに寛容過ぎないだろうか。あるいはそのデザインに無関心ではないか。多くの議論が必要である。

美しい風景の前に立てられた一本の交通標識に興ざめしたことは誰もが持つ経験だろう。そして、しょうがないと諦めてきたのではないか。交通安全に対してあまりにも発言力が弱い。商業看板が無ければ美しい風景はもっと創出できる。膨大な数の交通標識もまた同様である。不必要とは言えないが、もっと景観に配慮することができないか。

「景観などにうつつを抜かしておっては安全を確保できない。人の命と景観とどちらが大事だと思っているのか」という声が聞こえてきそう

武家屋敷界隈に立つ駐車禁止の交通標識、町並みに配慮した家型の標識がさらに違和感を生む(松江市/1988年)

である。この国はこうした硬直した考え方によって、多くの大切なものを失ってきた。美しいものを大切にすることは人の心である。人の命も人の心も大切で、心の流れが良ければ人の命を救うこともある。

交通標識の中でも、やたらと林立している駐車禁止の交通標識は最悪である。ベタベタの赤と青(国際標準*)というのは、かなり良くない色彩感覚である。さらに他国と比べて圧倒的に数が多い。逆に駐車禁止というのは他の交通規則と比べて、安全貢献度では極めて低い。

道路上に公営有料パーキングがある。利用料を払えば駐車可能、払わなかったり、時間超過をすると駐車違反、罰金、減点である。利用料の不払いと安全とどういう関係があるのか。「払わなければ交通事故が起きやすくなる」という論理は成り立たない。この交通違反は、交通安全と結びついていない。交差点付近、狭い道路での駐車禁止はともかく、多くの駐車禁止は結構曖昧である。駐車禁止であった道路が、ある日公営有料パーキングになるというのは理解できない。また公営有料パーキングを造るために道路を造っているわけではない。さらに言え

国際標準*欧州諸国において道路標識を国際的に統一しようとする動きが生まれ、1049年ジュネーブで開催された国連経済社会理事会で標識の世界統一化案が提唱され、1952年に国連総会で採用、1953年に参加国による国際連合道路標識(道路標識及び信号に関する議定書)が発行された。その後、1968年に国際連合道路交通会議にて「道路標識及び信号に関する条約」として成立した

静かな住宅街に立つ駐車禁止の傾いたポールと歪んだままの標識(名古屋市/1991年)

ば、この醜い、多数の駐車禁止の交通標識がなくなれば、他の重要な交通標識がもっと際立ってくることを想像することは難しくない。

ヨーロッパの都市では、景観を損なう駐車禁止の交通標識をやたらに立てることはない。多くのところの駐車禁止は道路の端を黄色のラインを引いて標識としている。この付近一帯が駐車禁止であることを示している。街の中心地や観光地では特に多い。ラインは美しい建物や街路樹の緑とバッティングすることはない。実は日本でも交差点内や付近では実施されており、ラインの実線は駐停車禁止、破線は駐車禁止である。

ルールで対応するものであるから、駐車禁止の交通標識が必ずしもポール標識型である必要がない。運転中に判断を必要とする他の交通標識と異なり、たとえ停めてから気づいても遅くないのである。

駐車禁止の交通標識が分かりづらかったから駐車したという言い逃れに対応するために、また一本のポール設置が特定業者の利益を生むために、今日も醜い駐車禁止の標識ポールが増えていく。

道路に引かれた黄色いラインが駐車禁止を示す標識。ヨーロッパの多くの都市では、駐車禁止のポールを止めてラインによって対応している（コペンハーゲン／1981年）

11　目にも心にも醜い、マナー看板

欧米との比較という褒められない論理展開をして大変恐縮だが、マナー看板は日本人の精神構造を端的に見てとれる例である。とにかく欧米で見かけることはほとんどなく、日本ではやたらと多い。誰もその存在を否定しないので一向になくならない。当然増え続ける。

なぜこのようなマナー看板が立つのか。その前に「なぜマナー看板を立ててはいけないのか」という問いに答えよう。まず公共空間は快適でなければならない。そのためにあっても無くても良いものは無いほうが良い。マナー看板はこの類である。マナー看板が無ければ、町は物理的にも心理的にも広くなり、快適性は高まる。「マナー看板は、マナー向上のために必要である」という考えもあろうが、実は存在そのものがマナーを欠いている。快適性が求められる公共の場で、誰彼かまわずマナー向上の説教をたれる。これがマナーを欠いた行為であることがなぜもっと問われないのか。

美しい川を残すことを訴える看板が護岸の修景を乱す（京都市／1974年）

名古屋市東区高岳の交差点に「明日へ向け、今日の名古屋を美しく」というマナー看板が設置されていた。これを例にとってみよう。看板の前は地下鉄「高岳」駅の出入口でもあって、ごみが散乱している、煙草の吸殻は特に多い。注意をうながしたいが、トラブルに巻き込まれたくない。この看板はそういう思いを代弁してくれている。だがしかし、設置から数年過ぎてもごみは一向に無くならなかった。

一方で、大きな看板の視覚的な醜さがこの場所を圧倒している。マナー看板は、マナー違反者に対して、注意を促しているという安易な手段であって、設置者の満足のためというのが見てとれる。そうした精神構造に基づくものが多く、したがってそこに心の醜さも見えてくる。設置者の満足のためであることは、その名前にも感じられる。誇らしげな「東桜学区町美推進委員会」というやや匿名性に守られた構造、責任の所在がなんとなくぼかされている。

ある日、NHK「中学生日記」を見ていたら、このマナー看板を背景にしばらくドラマが流れた。名古屋という文字もしっかり映っていた。全

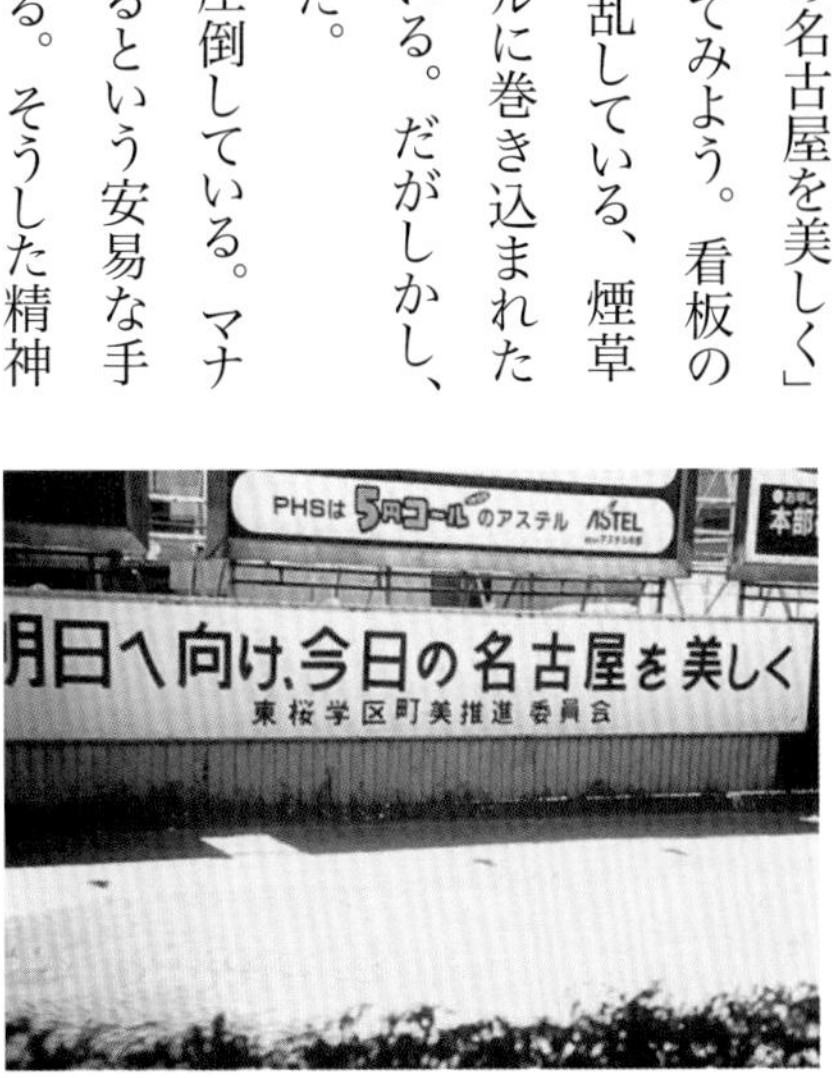

美しさを訴える美しくないマナー看板（名古屋市／2001年）

国放送でたまにしか流れない名古屋の町の風景がこれかと思うと情けなくなった。なお現在この場所は、レクサスのショールーム前となっており、煙草の吸殻はもちろんのこと、全くごみのない美しい町角になっている。

マナー看板は、その町のマナー向上を願うものであるが、その町を訪れる人にとっては、そのまちのマナーの低さをアピールするものになっていることに気づくべきである。「美しく」は「汚い」、「暴力のない町」は「暴力のある町」を、「守ろうよ」は「守れない」町であることをアピールしてしまっている。

早朝散歩をしていると、商店主はその店先を、会社員は自社の周辺道路まで清掃している姿をよく見かける。目と心に清々しい風景、これこそ日本人の精神構造と考えたい。

センターグリーンに設置されたマナー看板、良い環境とは何か（名古屋市／１９８９年）

12　疑似修景は、景観創出の心を絶望させる

私たちを取り囲む環境は、多くのニセモノ、まがいもの、代用品、レプリカなどの疑似によるもので成り立っている。石のようなもの、木のようなもの、竹のようなもの、レンガのようなもの、それらのひとつひとつを検証して、真性を問うことなど、とても疲れ果ててできようもない。見て見ぬふりの毎日である。

ニセモノがホンモノに対してはるかに安価で、丈夫で便利だったり、環境負担が少なかったり、ホンモノが不足しているといった悲しい現実もある。ニセモノも簡単にその存在を否定できるものではない。そしてニセモノもまたひとつの文化領域を形成するに至っている。

しかしながら、修景のためのニセモノとなると「それはそれなりに」とは認めがたい。なぜなら修景は基本的に必要とされるものから、一歩進んでのプラスアルファのものであって、心の豊かさである。疑似修景のごまかしなどで心が満たされるわけもなく、むしろその程度の小手先

名古屋高速道路大幅遅れの理由＊名古屋高速道路公社が発足した時期は、昭和四十年から続いてきた「いざなぎ景気」が四四年下半期から下降局面に転じ、五八ヵ月に及んだ高度成長も、四五年八月をもって終わりを告げた。またそれ以降、第一次オイルショックもあって、生活環境の整備の遅れや公害対策などの問題が顕在化してきた。こうした中で、名古屋高速道路建設計画についても、名古屋高速道路反対連絡協議会をはじめ各種の団体が四三年から順次組織され、反対活動が展開され、工事途中で工事予算は凍結、工事再開は約十年後となる(名古屋高速道路公社設立四十周年記念誌／２０１０年)

で済まされているという低い市民評価が露呈して悲しい。疑似修景の前で、都市景観創出への意欲など、絶望でしかない。

名古屋市は、都市高速道路の設置が、他都市に比べて大幅に遅れた*ゆえに環境、景観認識が高く、高架下の排気ガス対策や空中を走る道路の重量感の軽減、道路下の緑化修景など、東京、大阪など他都市と比べ、はるかに景観への配慮に優れている。

一方、同じ名古屋市高速道路下、東区高岳の交差点では、人工芝の上にテラコッタに見せかけたプラスチックのプランターに造花の観葉植物が修景されている。排気ガスと埃にまみれ、汚れたまま放置されている。ごみとしか言いようがない。ごみになる前はなおひどく、設置されたばかりのときは、そのリアルさにゾッとした。

私たちが植物に求めるやすらぎは、その生命感にあって、緑の色や植物の形ではない。「植物のようなもの」では決してない。こういう疑似物を美しいと思い、修景に使うという心の貧しさをみるとき、むしろ何もしなければ、こうした不快さもまた感じることはないだろう。

名古屋市高速道路下の観葉植物、芝生の疑似修景（1999年）

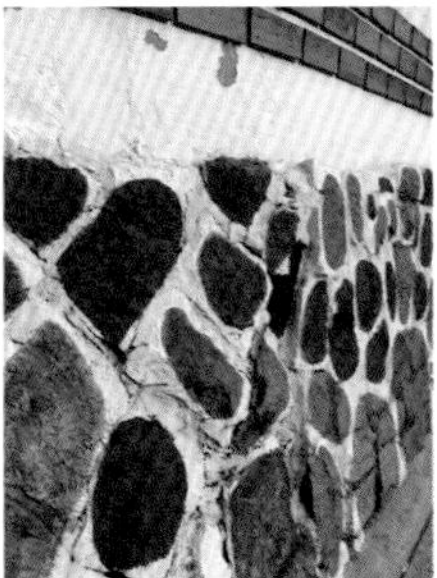
描かれた石垣（韓国・ソウル／2019年）

公園の植栽や街路樹がすべて造花で、擬木であったらと想像してほしい。維持管理は楽で良いのではないか、と考えるのだろうか。高速道路下のちっぽけな空間だから、こんなものだろうという考えだろうか。

工事中のトラ柵に貼られたパンジーやチューリップの写真、料理屋の玄関を演出するプラスチック製の竹柵、公園の散歩道に並んでいる擬木、商店街の造花、公共施設のエクステリアに敷かれた人工芝。

工事塀に描かれた緑の風景も、それが環境や景観への配慮として評価する人がいる限り、日本の疑似修景はなくならないのだろう。

神戸の街を歩いていたら、なぜこんなところにレンガ塀があるのだろうというものに出会った。そしていかにもという感じで蔦が這っている。視力の良くない私が周辺状況に違和感を覚えて近づいてみると、工事塀に貼られた壁紙だった。神戸の町は洋館が多い、レンガ造りの建物も多く、景観の大きなファクターのひとつだ。工事塀にレンガの壁紙を貼れば神戸の景観に貢献すると考えたのだろうか。それがリアルであればあるほど私の心は打ちのめされてしまう。

公園でよく見かける擬木（東京・青山／1994年）

蔦の這うレンガ塀の疑似修景（神戸市／1992年）

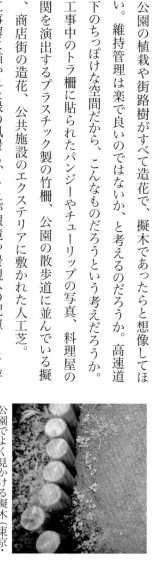

13 花になるか、ゴミになるか、町中を走る巨大広告のラッピングバス

二〇〇〇年、東京都営バスに外装全面広告バスが登場したとき、マスメディアを通じて「ラッピングバス*」の名称が広く使われ、一般に普及した。東京が最初のように思われているが、世界ではそれ以前から、日本でも青森、沖縄などでは一九七〇年代より始まっていた。野外の看板などと同様に、バスの車体に広告を付加する場合、都道府県や政令指定都市、中核市の屋外広告物条例の規制を受ける例が大半である。

二〇〇二年、名古屋にもラッピングバスが走り始めた。そのきっかけが赤字の公共交通対策であることは、世間の知るところである。時間をかけて積み上げられてきた景観意識が、崩れつつあるのが見えるようだった。

眉をしかめて見て見ぬふりをしたいが、街のど真ん中を走るバスは巨大な存在で、誰の目にも飛び込んでくる。だからといって広告効果が高いというわけではない。広告効果は、情報が明確に伝わって、受け手に

ラッピングバス*とは、あらかじめ広告を印刷したフィルム（ラッピングフィルム）を車体に貼り付たバス。電車に貼り付けた場合は、ラッピング電車という。またラッピングフィルムを使用しないで塗装による場合でもラッピングバスと呼ぶ

好印象を残さなければならない。道路の真ん中を走って、遠景、中景、近景それぞれの視覚状況に好印象を与え、情報を明確に伝えることは相当に困難である。多くは広告情報量を欲張って、あれもこれもと入れ込む結果、遠景、中景では情報が伝わらず、ゴミがくっついているように見える。ラッピングバスは、遠景を基本としてシンプルに広告印象を良くすれば、楽しくもあり、街の花になる存在である。

かつて都営バスの色彩デザインが派手で、都民の多くの人から「目立ち過ぎる」「下品」「イライラする」などの声が挙がった。騒色*公害と呼ばれ、市民運動の末、色彩変更を強いられるに至った。その後、都営バスはデザインに厳しい条例を課してきた。しかし二〇〇一年、条例を見直し全面広告バスを解禁した。広告収入が六億円から十億円に跳ね上がっている。一方都民の四割は「景観の悪化につながる」としている。(日本経済新聞二〇〇二年)

東京でも、名古屋でもラッピングバスデザインのチェックシステムが作られ、広告デザイン検討会が設置されている。しかし現実には目を覆

騒色*は「騒音」に対する造語。周辺環境との調和を著しく乱すと共に、人々に不安や不快感を与える望ましくない色使い。特に住宅環境で問われる(公共の色彩を考える会ホームページ)

「騒色公害」という造語が生まれるきっかけとなった都営バス(東京都/1981年)都営バス資料館ホームページ

うものが多く、花になれないのが現状である。なぜだろうか、広告デザイン検討会は、景観を高めるためにあるのではなく、公共空間を広告に使用するための大義名分としてあるからだ。広告売上目標があり、それを達成する必要があるからだ。売上の前には景観などなすすべもない。

　ラッピングバスが、花になるためにはどうすればいいのだろうか。幸い広告の申込み希望は多いと聞く。にもかかわらず、広告代理店も広告主も広告料が安いと言っている。たとえば許可バスの数を半分にする、景観デザインをクリアしたものだけが走るということになると、広告効果はうんと上がるだろう、それから広告料を上げる。そういう方法もあるが難しいだろう。公共交通という税金で補助されているバスに高額な広告料は反感を買うだろう、たとえそれが税収になろうとも。そして動機が目先の広告料収入アップであるから。事実都営ラッピングバスは、スタート時点で二百台の予定が一ヶ月で倍になり、一年で六百台を超えた。乞う者の立場は弱く、とても花を咲かせる余裕などないだろう。

東京で走るロンドンバスに、MONO消しゴムの美しいラッピング、渋谷の賑やかな街の中に遠景でも広告効果が高い。ラッピングバスが花になった例（東京・渋谷／2020年）　写真提供：株式会社トンボ鉛筆

ちなみにドイツ・ベルリンでは百台に制限している。広告収入がそんなに必要なら、いっそ市役所や美術館もどんどんラッピングビルにしてはいかがだろう。

ラッピング(包装)というけれど、今どき広告でラッピングする人などどこにいるのか。ラッピングはひとつの文化、美しいラッピング紙がデザインされている。ラッピングバスという、甘いゼリーでくるんだような心地よいネーミングでごまかしてはならない。広告公共バスというきちんとした認識を持ちたい。

ちなみに京都はテスト期間を経て、市民の声を聞いた結果、ラッピングバスを中止した。古都、面目躍如である。何でも東京に見習うというのはいかがなものであろう。

無数のバラの花が描かれ、名古屋市交通局百周年を祝う騒々しいラッピングバス、品位の失われた例（名古屋市／2023年）

14　歩道の絵舗装はゴミ、街における美しい「地」としての道路でありたい

形態には「地」と「図」がある。一般に認識する形は図であり、その背景が地である。私たちは図を見るが、地があって初めて図を認識＊することができる、地図の語源である。有名な「ルビンの壺＊」のように、図と地の関係が絶えず互いに反転し、図になったり、地になったりという不思議なものもあるが、基本的には地と図の関係は安定している。

風景にも地と図の関係がある。空に浮かんでいる雲は図であり、空は地である。そこに鳥が飛べば、あるいは虹が架かれば、鳥や虹が図であり、空と雲は地になる。

樹木に花が咲いたり実がなれば、花や実は図であり、葉は地である。葉も紅葉すれば図となり、幹が地になる。地と図の関係が安定していると風景は美しい。

道路は地である。道を歩く人や走る車が図である。周辺の住宅、店

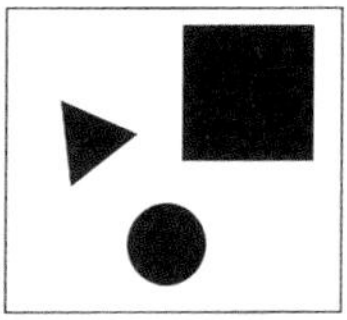

図を認識＊地と図の関係、白い部分が黒い部分の図を成立させる

ルビンの壺＊地と図が相互に反転し、壺になったり人物の横顔になったりする

舗、オフィスも道路に対して図である。銀座通り、シャンゼリゼ大通りなど、まるで通りが主役になっているように思えるが、通りに沿った街並みが主役である。

一般に図をデザインすることが多く、地をデザインするという感覚は乏しい。地をデザインすることは、図をデザインすることよりも難しい。なぜならデザインは、図をデザインすることで脚光を浴び、発展してきたからだ。建築家は著名で華があるが、土木設計者は知名度が低い。したがって、道路を美しい地としてデザインすることは難しい。デザインとして意識が入ることによって、図として扱ってしまうからである。カラフルな色を使ったり、形に凝ったり、あるいはタイルなどで飾り立ててみたり、地であるべきものが図になってしまう。

アスファルトでもコンクリート舗装でも地としての美しさがある。私たちは毎日道路を使っていながら、使うという意識は極めて薄い。であるがゆえに町における膨大な面積を占めていながら、その存在感に煩わされることがない。それが地としての美しさである。

アーケードの絵舗装（倉敷市／1992年）

モザイクタイルに依る絵舗装（東京・池袋／1990年）

ところが一九八〇年ころより、カラー舗装なるものが登場してきた。ゴムチップ、ウレタン樹脂、着色セラミックなどを使用し、黄、赤、青、緑というとんでもない色道路を作り出している。何のためにかと問うと、「都市景観」であり、「まちづくり」であるという答えが返ってくるが、大変な勘違いである。デザインといえば、装飾、色や形を派手にすること、と考えている人がいかに多いかということである。色道路にしておいて、「健康の道」「歴史散歩道」「ふれあいの径」などと、むりやり主役化するのである。そんなことが、景観にもまちづくりにも寄与するわけはなく、多くのところではメンテナンスも悪く、醜態をさらしている。

さらに悩ましいものは、道路に貼り込まれた絵タイルだ。確か一九七〇年頃、横浜が最初であったと記憶する。お洒落な観光地としての横浜に、港、船、赤い靴、人形などの絵タイルが貼られ、ものの珍しくもあって話題を呼んだ。設置するという最初の行為はイベントであり、観光地でもあって、それなりに楽しいものだ。しかし道路は主役(図)ではない。絵タイル道路が主役であり続

絵タイルが話題になった舗道
(横浜市/1980年)

けることはできない。絵タイルは背景に戻ることができない。楽しさ、もの珍しさ、美しさはあっという間に消えていく。残された絵タイルは、むしろ寂しい風景となっている。メジャーな横浜で話題になったものだから、全国の観光地が真似ていく、しかもセンスのない業者、日曜画家、子どもの稚拙な絵だったりする。最近はさらに、商店街や何でもないコミュニティ道路＊に絵タイルがはめられている。人通りの寂しい道路に賑わいをという願いは、逆に空回りするだけで、まるでごみが落ちているとしか見えない。

カラー舗装による商店街振興（富山県南砺市福光商店街／1993年）

コミュニティ道路＊とは、自動車の通行を主たる目的とはしない道路のことである。住宅地の道路整備手法の一つで、地域の道路はその地域に住む人々のものであるという考え方に基づいて、生活道路から車を締め出し、歩行者の安全件や快適性を考慮した道づくりを目的としている

15　エゴイズムの象徴か公衆トイレ、パブリックデザインの考え方

公衆トイレに関する市民アンケートを見ると、市民意識の醜いエゴイズムが露出している。「もっと公衆トイレを増やして欲しい」「商店街、繁華街にもっと公衆トイレを作って欲しい」と利用者、あるいは商店主の声が寄せられる。ところが設置の場所のことになると、誰もが声をそろえて「我が家、我が店の近くは困る」ということになる。この身勝手さは、自治体にとって苦労の種である。

名古屋などの大都市では公園が多く、たとえ小さな公園であっても公衆トイレが設置されていることが多く、市民理解も得やすい。また繁華街や中心商店街では、デパート、大手スーパーマーケットが公衆トイレの役割を担っている。ところが中小都市ではそうもいかず、公衆トイレの設置場所、デザインともに苦労している。

公衆トイレにおける問題点は、その必要性にも関わらず、悪臭、醜

観光に配慮したつもりか、蔵を模した公衆トイレ（松本市／1995年）

景、犯罪の温床といったダーティイメージにある。なんとか解決を図ろうとする浅知恵の結果は、まちづくりや都市景観に体裁を繕った軽薄な公衆トイレとなっている。

松本市の蔵を模した公衆トイレは、古い町並みという周辺の景観に配慮したかに見える。しかし、そのにせもの感は見る者を裏切り、似非文化の悪印象を残す。どこの蔵にトイレなどあるだろう。原宿のカラフルなトイレや、京都の銅板葺きのトイレもまた残念なデザインの姿だ。とにかく全国津々浦々、公衆トイレのデザインに見るべきものはほとんどない。特に観光地では景観を損ねているものが圧倒的である。

公衆トイレは、清潔で明るくて、使い勝手が大切で、強い自己主張など必要がない。公衆トイレが本来あるべきサイズ、材質、シンプルな形態などを大切にし、遠くから「あっ、あそこにトイレがある」といった公衆トイレとしてのサイン性を打ち出すべきである。

象設計集団が手がけた常滑市のＩＮＡＸトイレパーク(現・とこなめトイレパーク)は、公園という機能、修景を効果的に取り入れ、明るく、

黄色の壁、赤い柱の派手な公衆トイレ(東京・原宿/1990年)。

町と違和感が強い銅板葺きの公衆トイレ(京都市/1994年)

清潔、快適な公衆トイレを実現している。しかし、衛生陶器メーカーとしての広告を兼ねた充分な予算、企業による維持対応など、自治体が参考とするには問題点も多い。本当はこれくらいの費用をかける市民意識が必要かもしれない。

古くからの商店街では、公衆トイレを設置する場所がほとんど無く、公衆トイレは無いものとされてきた。斜陽化する商店街で駐車場とともに悩みの種である。沼津市仲見世商店街では、組合で話し合った上、いくつかの商店で「トイレをお使いください」のトイレサインを掲出、買い物客へのサービスに努めて評判を呼んだ。商店としてのあり方の基本でもあるだろう。最近ではコンビニエンスストアの多くにトイレが完備されていて、新しいタイプの店こそ商売の基本を心得ているように思える。もっともかつては店の客はみな顔見知りで、「ちょっとトイレを貸してね」も、日常的に当たり前に行われていたような気がする。

パブリックデザインの進化は、公共に対する考え方の進化である。これからはデザインがその考え方を進化させせなければならない。

INAXトイレパーク（常滑市／1990年）

「トイレをお使いください」の案内（沼津市／1986年）

16 ショップサイン、町のゴミとして景観を損なうか、花として町を彩るか、それとも町に消えるか

ショップサインを直訳せば、店の看板である。ただし町に溢れている多くは、店の看板ではなく店から離れたところに付けられ、店への誘導や、店の周知広告として存在しているものである。看板が店から離れると無神経、無責任になっているものが多く、こういったものが景観を損ね、町のゴミとなっている。ここではショップサイン（店に直接設置された看板）だけを考える。

ショップサインは、繁華街、商店街においては、その町を彩ることに欠くことのできないものである。世界中の町で、お店がある限りショップサインのない町はない。その町の景観にふさわしいかどうかである。例えば青空市場の手書き手作りのショップサイン、下町は下町の色彩と材質による庶民感覚に溢れたもの。山の手は山の手の上品でおしゃれなショップサイン。中心繁華街には、老舗や一流店を象徴する

蔦で囲まれたレストランのショップサイン（倉敷市／1980年）

個性的で美しいカフェのショップサイン（函館市／1990年）

格調が求められる。

商店建築を設計した建築家から「写真は看板が付く前に撮影するんですよ、看板が付いたら格好悪いですからね」という話を聞いた。情けないことこの上ないではないか、看板を付けて駄目になるようなものは、商店建築ではない。看板は看板屋がやるものと考えていたら、どうしようもない。商店建築において看板は建築の一部である。設計の段階で、建築同様にショップサインも納得のいくものを組み込むべきである。とは言うものの、最近はブティック、レストラン、バー、ヘアサロンなどで、建築と一体になったセンスの良いものが増えている。

一九八四年に、名古屋の丸太町にオープンしたレストランバーシェーネル・ヴォーネンにはショップサインがない。設計者の吉柳満氏は「優れた商店建築に看板は不要である、建築が良くないから看板がいるのだ」と、この店を例に上げて語ったことがある。創立四十年なお人気の店であるから説得力も強い。しかしショップサインのサインとは、記号、暗号、目印という意味がある。必ずしも店名をアピールしたものとは

バラの鉢植えがサイン性を高めるショップサイン（ドイツ・ローテンブルグ／1987年）

ショップサインのないレストランバー（名古屋市／2020年）

限らない、他店と区別する記号があれば店名がなくとも充分ショップサインの機能が生まれる。文字によるものを意味情報、色や形、材質、照明等によるものを感性情報という。シェーネル・ヴォーネンには確かに看板によるショップサインはないが、垂直を強調した美しい建築、個性的なファサード、照明の演出など感性情報は極めて強く発信されている。また看板がないことも他に類例のないことから、「看板のない店」として他店と差別化がなされている。つまり、建築自体がショップサインとしての機能を持っている。

このような、町に消えるようにあるショップサインというのは、概して裏通り、町はずれ、静かな住宅街に見ることができる。もともとあまり目立たないところにある店である。周知の客にとっては、看板不要である。人気の民家カフェなども小さな看板のところが多い。

ヨーロッパの古い小さな町で、この消えるショップサインが多く、旅行者にとっても観光客目当ての派手なショップサインの店よりも、住民に愛されているこんな店に入ることこそ旅の楽しみと言えるだろう。

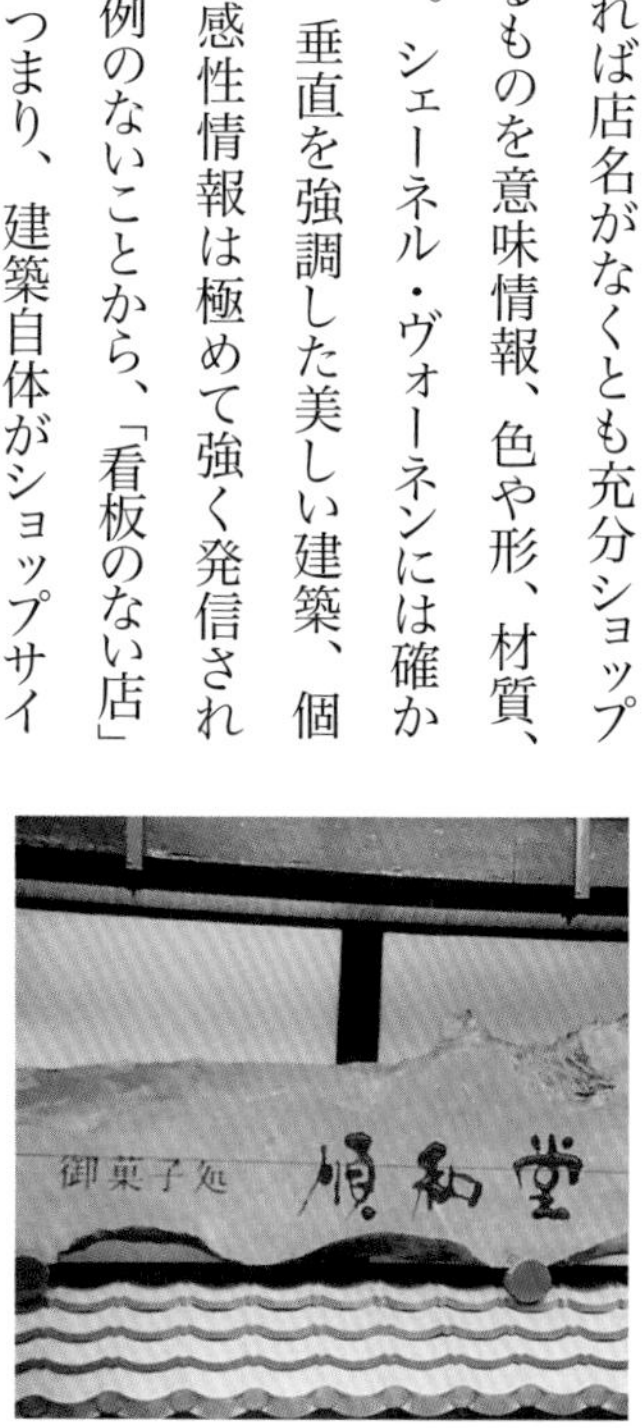

自然木の形を生かしたショップサイン（大野市／1991年）

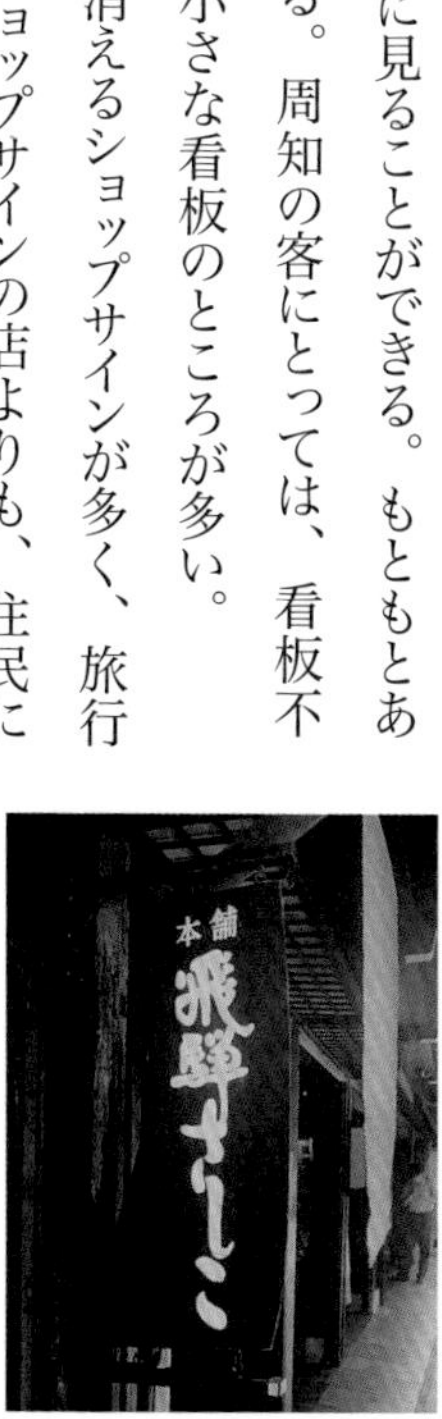

古い町並みにふさわしいショップサイン（高山市／1992年）

17　消えるデザインの理想としてのマンホールの蓋、醜態をさらすマンホールの蓋

一九八六年、名古屋市で初めての都市景観アドバイザーに就任した。そのまもない頃、名古屋市下水道局よりマンホールのデザインに対するアドバイスを求められた。一九八九年に名古屋市百周年記念事業として世界デザイン博覧会の開催が決定していた。市長より「各局何かデザインプロジェクトを打ち出すように」という指示があったとのこと。

下水道局が市民にアピールできるデザインは何だろう。というのでマホールのデザイン、蓋の図柄である。見せられたデザイン案は、名古屋城の金鯱やテレビ塔、名古屋港ポートビルなどをモチーフとしたもので、そういった観光シンボルにアイデアを求めることはかなり野暮ったいと感じさせるものであった。即、「アドバイス以前のもの、現在のデザインのほうがさり気なくて圧倒的に良い」と否定のアドバイス。役所というところは、いくつかの部署を通って(つまり判が押されて)しまうとな

舗道の色と調和して、穏やかな景色を作るマンホールの蓋 (名古屋市／1987年)

黄色でペイントされ目立つマンホールの蓋 (名古屋市／1989年)

かなか差し戻すことが難しい。結局デザインのデティール変更のみで通過してしまった。アドバイザーはあくまでアドバイスを行うものであって、決定権を持った存在ではない。「アドバイザーのお墨付きとしての承認がいただければ良い」というものが相談案として出てくる。冗談ではない、アドバイザーの記録としては、「認知できないもの」として残す。

マンホールについては、その後さらに問題が勃発、せっかくの新しいデザインが目立たないというので、凹部を真っ黄色にペイントしてしまったのである。凸部が鉄の黒なのでもの凄いコントラストである。さすがにこれについては、多くの良識あるデザイナーから反論が寄せられた。反論だけなら良かったが、賛成論も出る始末で、名古屋市当局は強気であった。賛成論の主旨は「日頃地味で意識することのないマンホールの蓋に、こんなところにもデザインがあったのかというアピールができて良いではないか、世界デザイン博覧会の盛り上げに効果的である。いちいち目くじら立てるほどのものではない」というものだ。一般にデザインとは「カラフルで、派手で、装飾的で、デザインしましたよ」という認識があって、

太い黄色の枠が描かれたマンホールの蓋（名古屋市／1989年）

そのことが推進論となっている。また景観デザインというものに不見識でありながら、行政に媚びる有識者も存在する。

そうした問題ある認識が、「消えるデザイン」を執筆することになった理由のひとつである。デザインには目立って良いものと、目立たないほうが良いものがある。マンホールの蓋は明らかに後者である。町では人が主人公、道路は背景である。ヨーロッパから始まったマンホール、蓋のデザインもそのまま受け入れた。結果、「用途と管理責任をきちんと示し、アスファルトあるいは敷石と美しく調和する鋳鉄の素材色を活かす。雨水などによるスリップを防げるように模様を施す。用途、地域性をさり気なくデザインモチーフとする」という素晴らしい「消えるデザイン」が生まれたのである。

カラフルにペイントされ派手なマンホールの蓋(富山市／1990年)

18　土木物への装飾や広告は、負のイメージを感じさせる

北陸自動車道の新潟県不知火インターチェンジの高架下に道の駅「ピアパーク」がある。このスペースの演出ということだろう、高さ三メートル、幅五メートルの橋脚にグラフィックデザイナーの故粟津潔がモザイク壁画を描いている。できてしまった無用のスペースを効果的に使用するということで、高架下のこのような公園化は全国的に例が多い。橋脚の巨大コンクリート面は、ヒューマンスケールを大きく超えていて、絵を描くことで解決しようというものである。そこで著名なグラフィックデザイナーが駆り出された。粟津はこの仕事を優れたデザインとして広く紹介し、自身の作品集にも掲載している。その壁画の芸術性はさておいて、高速道路という巨大スケールの機能的デザインが、そのことで否定されてしまったという認識を欠いている。これをパブリックデザインの顕著なものとすることは、デザイナーとしての見識が問われるだろう。

かつて通勤に利用していた国道十九号、名古屋市から春日井市に入ると片道三車線になる。この広い道路に歩道橋が三脚架けられている。お世辞にも美しいとは呼べない形態のデザインは、ドライバーからの景観を損ねている。もちろん地域住民の道路横断のための安全な施設であることが目的であり、ドライバーにとっての景観など、その位置づけは極めて低い。しかし造ってしまった歩道橋が、ドライバーにとってどうなのかという視点は重要である。無骨な形態であっても、センスの良い色彩景観に配慮されるべきである。この春日井市の歩道橋は、茶色とベージュのツートンに塗られている。その上その橋脚にピンクの下手な桜が描かれている。桜は春日井市の市の花であり、市章にも桜がデザインされている。そんな理由で橋脚に桜の花を装飾したという訳であろう。春日井市の文化レベルの低さを国道十九号を走るドライバーにアピールし続けている。

二〇〇四年の中日新聞によると、二〇〇五年日本国際博覧会（愛・地球博：公式愛称、愛知万博）の歓迎ムードを高めようと中部地方整

桜が描かれた歩道橋（春日井市／1999年）

備局は、東部丘陵線(万博会場に向かう道)の橋脚に貼るPRシールの費用負担賛同者を募っているとのこと。シールは縦三・二メートル、幅〇・八メートルのサイズ、シンボルマーク、マスコットのモリゾー、キッコロをあしらったもの。現在七箇所にあるものを三十箇所に増やす考えである。安っぽい広告が何百メートルと立ち並んだ眺めを想像してげんなりした。「地球環境」がテーマの博覧会で、都市景観環境はそこから外されたものになっているようだ。地球環境に良いものが都市景観環境と重ならないはずがなく、都市景観環境に望ましくないものが、地球環境に良いはずがない。

一九八九年、名古屋市より水道塔のカラーリングデザインの依頼を受けた。住宅街におけるその存在感は、景観上ポジティブなものとは言い難い。できる限り風景に溶け込む色彩としてクリームホワイトを主に、水道塔であることを暗示し、ボリューム感を減らすために、上部三十センチは水色にする。またアクセントとして直径十センチの赤い丸を南方に付けた。調和と主張のバランスは絶妙でなければならない。

愛・地球博シンボルマークとマスコット

絵が描かれた護岸壁、美しい土木工事との不釣り合いが誠に残念である(瀬戸市/1989年)

歩道橋や高速道路の橋脚に限らず、電柱、ガードレール、護岸壁、時にはダムや道路まで、日本全国における土木物がまちづくりのスローガンや広告、市民参加の子どもたちの絵で埋め尽くされているのを見るにつけ、構造物に対する美意識の欠如や自信のなさが見て取れる。スケールの大きい土木物が完成した後は、その存在感が極めて強い。ヒューマンスケールを超えての人工物は、多くの地域住民をたじろがせるだろう。そこでなんとか装飾物を施してごまかそうとする。あるいは大きな面積がもったいないから利用できないかと考える。その結果、ダイナミックな土木物の魅力な存在感が、惨めにも装飾や広告に媚びて負のイメージがまとわりついてしまう。

存在感を廃した水道塔のカラーリング(名古屋市/1989年)

ダイナミックな存在感が美しい佐久間ダム(浜松市/1997年)

19　町角で白い牙剥くガードレール、命を守るガードレールと車止め

ガードレールがガードするのは、車の暴走からの歩行者である。車の暴走を前提とした場所である。特に交差点、カーブ、坂道などは、運転の過ちを起こしやすい危険なところとしてガードレールの存在がある。そのガード機能を十分に踏まえたデザインは、太い鉄支柱、幅広い波状のレール形態、ドライバーからの視認性を高める真っ白な色、夜間のための蛍光ホワイト。それは町にあって、剥き出しの牙、あるいはナイフのようでさえある。

一方で、交差点、カーブ、坂道は都市景観上魅力的なポイントである。車を主役とした都市交通の利便性、そこから発生する危険性の回避、魅力的な都市景観創出の三つ巴ゾーンである。

愛知県の「高浜市やきものの里 かわら美術館」は、瓦のまち高浜のシンボルとして、景観にも十分配慮して建てられた市のビッグプロジェク

美術館を囲むようにあるガードレール（高浜市／1995年）

景観に配慮した木のガードレール（八ヶ岳国定公園／2020年）

トである。ところが美術館に南北、西方面から到着する最後の交差点に横たわるガードレールがどう見ても美術館の景観にそぐわない。という理由で、ガードレールを無くすかどうかの検討がなされた。もし車が突っ込んで事故が起きたらの不安は大きい。景観は安全には勝てない。結果、ガードレールを焦茶色に塗装、色彩的な調和をはかることになった。この中間案はドラーバーからガードレールの視認性を悪くし、歩行者に不安を残す。景観上もなんら根本解決にならず、あくまで妥協案の産物となった。美術館を建てる基本的ロケーション*に問題があった。もしくは、そうした問題点を解決すべき建築設計でなくてはならなかった。欧米のシンボル建築と日本のそれとの大きな差は「景観もまた大きな市民の財産である」という認識の違いにある。

八ヶ岳中信高原国定公園内の道路には、景観を配慮したであろう木製のガードレールが備え付けられている。配慮はわかるがデザインにもっと工夫が望まれる。

名古屋桜通の交差点は、ガードすべきコーナーに柔らかい表情のブ

ロケーション*場所、立地。建物機能や便利性、景観などを配慮して決められる

ガードレールの機能を取り込んだブロックと植栽（名古屋市／2019年）

ロックをガードレール分の高さまで積み上げ安全を確保、さらに植栽による修景を行った。すでに三十年が過ぎて、町角は小さな森になり、信号待ちの歩行者に木陰を提供している。シンボルツリーの桜を核として、低木にビヨウヤナギ、ツクバネウツギなど季節の変化を取り入れて楽しく演出している。残念なことは、だだっ広い桜通の大きな舗道であるがゆえに実現できたもので、人と道と家並みが一体となったやさしい景観を実現している訳ではない。それでも醜いガドレールが当たり前の交差点において、発想を変えていく素晴らしい事例には違いない。

ガードレールの代わりに、車止めで安全を確保している例もある。花崗岩や御影石で安心感と重厚さを出し、さらに割石加工で自然感を演出している。車からの安全確保はそれで守られるが、歩行者の飛び出しを防ぐためにチェーンを繋いでいる。チェーンはゆったりとさせ、視覚的緊張感を和らげている。

名古屋、広小路通りの交差点は、フラワーポットと兼ねた車止めを使っている。柔らかな材質のようで、あちらこちらポコポコへこんでいる。

割石加工が表情を和らげる車止め（名古屋市／1995年）

フラワーポットを兼ねた車止め（名古屋市／2018年）

信号待ちの手持ち無沙汰のせいか、花は引っこ抜かれ、灰皿代わりにと煙草の吸殻が捨てられている。アイデアは予想通りの成果を上げるとは言えない。

横浜市の鉄パイプによる車止めは、錨の形を取り込み、港町の景色をさりげなく演出していて楽しい景観を造っている。

ファーレ立川*では、その交差点の車止めに彫刻を使うというアートの町らしい試みを行っている。興味深い試みであるが、その成果は経過を見て判断したいと思う。

デザインはその目的に対して、決して卑屈になるべきではない、堂々と役割を果たし、なお美しさを見せたい。小手先の手法が自信のなさとして感じられるとき、デザインの社会的信頼は失われる。

錨の形を組み込んだ車止め（横浜市／1992年）

ファーレ立川＊39ページ参照

彫刻を車止めに試みる（立川市／1995年）

20　町角に我が物顔で居座るガソリンスタンドを、当たり前と考えている日本の町

歩道に対して車道が、ヒューマンスケールを超えるものとして、「町に望ましいものではない」という位置づけがなされている。そうした考えのもとに、コミュニティ道路やペデストリアンデッキ*など、人が中心のまちづくりの努力が重ねられてきた。

日本の全ての町で、車の立場がまだまだ強い。人と車といえど、所詮は人が乗る車。「人が中心」といくらスローガンを掲げてみても、もう一人の人が車に乗る便利さ、快適さが車社会を肯定している。

平成五年度名古屋市都市景観賞に、繁華街の交差点にあるガソリンスタンドが選ばれた。かつて私自身も名古屋市都市景観賞選考委員を務めたことがあり、この賞がどういうものか、どういうものを選考すべきか、相当の思慮をもって臨んだ経験を持っている。その上でこの選考は「なぜこれが景観賞か」と驚くものであった。

ペデストリアンデッキ*とは広場と横断歩道橋の両機能を併せ持ち、建物（駅の場合が多い）と接続して建設された歩行者の通行専用の高架建築物

2階と3階に、複合設置されたペデストリアンデッキ（名古屋市／2023年）

町角が人々の楽しい賑わいの場でなくて、どうして魅力的な都市景観といえるだろう。車の出入りが激しいガソリンスタンドが町角にあって、人々の賑わいが生まれるはずがない。たとえそのガソリンスタンドのデザインがどれほど優れたものであろうとも。交差点で信号を待つわずかな時間でさえも、出入りする車に注意を払っていなければならない。ときにはドライバーからのクラクションに注意を促される。

選考委員のコメントは、「…企業のＣＩ*を建物の形態で表現するという景観上の新しいデザインの方法を示したばかりでなく、都市の中に『空き地』や『あづまや』等の余白を創出し、ドライバーたちにほっと息をつかせてくれる空間を提供している、この建物に喝采を送りたい」とある。

ガソリンスタンドが都市の「空き地」や「あづまや」であることができるとするならば、それはよほど暇なスタンドであり、激しい車の出入りという時間軸を見落としている。一枚の写真で表現された都市景観賞作品集に「空き地」的空間が写っていても、時間軸を組み込むことのできるビデオで撮影すれば、そこに余白など全くないことは明らかである。

街角を占拠するガソリンスタンド
（名古屋市／２０２１年）

ＣＩ*（コーポレートアイデンティティ）とは、ロゴタイプやシンボルマーク、イメージカラーなどを使って企業コンセプトと経営理念を明確化し、会社に対する社員の認識と社外の人間が会社に対して持っている認識を一致させる手法ドライバーたちにほっとした息をつかせているこの空間は、歩行者からその「ほっとした息をつかせる」ことを奪い、緊張を強いている空間である。

日本では、町角にガソリンスタンドがあることは当たり前になっているが、さすがにヨーロッパの主な町には賑わいを脅かすガソリンスタンドはない。たとえばパリ、いったいどこにガソリンスタンドがあるのだろうか、というほど見かけることはない。地下、裏通りの辺鄙なところ、郊外といったところにあって、町角の多くはカフェやレストランが占めている。カフェやレストランは、歩道に椅子、テーブルをせり出させて営業し、客は店内より割高のメニューを注文し、テラスとして歩道上で楽しく過ごす。歩道上の営業は、椅子一脚あたりいくらかの税金を市に納めているので、割高となる。ちなみに、街角はカフェやレストランが優先的に使用する法律となっている。

日本の町でも、さすがに銀座にはガソリンスタンドがない。決して地価の高さが見合わないのではなく、銀座の町並みにガソリンスタンドがそぐわないからという理由であってほしいものである。

カフェが町角の賑わいを演出する（パリ／1986年）

21　点字ブロックは福祉と景観の対立か、二者択一を超える発想

二〇〇五年、「点字ブロックを空けてください」という公共広告機構のキャンペーン広告が頻繁に流れた。まだ点字ブロックという名前すら一般的ではなかったので、その社会的役割と認知度を高めることには大きな意味があった。

しかし、「点字ブロックを空けてください」は、つまり点字ブロックが頻繁に塞がれているという状況を示している。このキャンペーンが始まって驚いたのだが、私の印象では点字ブロックが塞がれているという風景はほとんど見かけない。改めて、名古屋繁華街の栄をチェックしてみたが全く見当たらなかった。しかし頻度の問題ではなく、実際にあるのだろう。公共広告機構の考えでは、大都市とりわけ東京が中心なので、東京の町の密度から生まれるマナーの悪さを考えてみるならば、このキャンペーンは必要かもしれない。

歩道に対して無造作に並べられた黄色の点字ブロック（名古屋市／1999年）

点字ブロックとは、視覚障害者のために靴底の触覚で進路を確認、より安全に歩道を利用するものである。視覚障害者であるなら、色彩は関係ないのではないかという意見もある。しかし全盲とは限らず、視覚弱者の場合は、あの黄色が視力確認をガイドする役割を担っている。

ところが都市景観の立場から考えると、歩道におけるあの黄色のラインは強い存在感を見せており、明らかに景観を損なっている。美しいことと、できるだけ目立つということは極めて両立し難い。もちろん点字ブロックは美しさのためにあるわけではない。「障害を持つ人たちの安全と都市景観のどちらが大切か」という問いに、都市景観が太刀打ちできるものではない。

しかし都市景観を考える者としては、福祉と都市景観が両立できないものか、福祉を損なうことなく都市景観への配慮ができないものかと考える。法的に点字ブロックに関しては、地方自治体の条例に任されている。したがってどのように判断するかは、自治体によって異なり、横浜や神戸では歩道と同色のグレイの点字ブロックが使用され

点字ブロック上は、障がい者歩行空間として常時確保されなければならない（愛知県清須市／2023年）

駅構内での点字ブロックのあり方は再考の必要がある（名古屋市／2023年）

ている。福祉と都市景観の歩み寄りである。弱視者にとっては望ましい歩みよりではないが、景観上は黄色よりグレイは極めて望ましい。それが良いか、問題か、それぞれの市民の考え方による。

福祉行政が活発な愛知県では、屋外ではほとんど黄色の点字ブロックを使用している。公共施設（たとえば愛知県芸術文化センター）内では、他のフロアーと調和するグレイの点字ブロックを使用している。それは理解しやすいところであるが、愛知県福祉会館では施設内まで黄色の点字ブロックが使用されている。文化の専門施設、福祉の専門の施設だからという使い分けはおかしい。視覚障害者にとっての必要な条件は同じである。芸術文化センターを弱視者は利用するし、福祉会館は障害者専用の施設ではない。そこには景観と福祉の矛盾した対立が見受けられる。

車椅子使用者にとって、点字ブロックは障害である。特に狭い歩道では、点字ブロックを避けて車椅子を使うことが難しい。福祉と福祉がぶつかり合う中で、都市景観の入る隙間はない。

舗道の色、素材に合わせ、景観に配慮した点字ブロック（掛川市／1996年）

アラン・コルバン＊は、その著『風景と人間』（小倉孝誠訳・藤原書店刊）の中で、触覚景観について、「靴底から伝わる一連のメッセージを通して、人は足で地面を分析します。歩行リズム、周囲への注意の向け方、靴の素材なども考慮に入れるべきでしょう。地質を感じることは空間の評価に、したがって風景の構築に関与しています」と述べている。ヨーロッパの石の舗道は、視覚的にだけでなく、触覚的な風景としても魅力的である。点字ブロックが視覚的にも触覚的にも魅力ある景観であるよう、それぞれの立場の違いによる困難を越えて、目指さなければならないと思う。

韓国、ソウルの東大門デザインプラザの施設内舗道に、極めて景観に配慮した点字ブロックがあった。なるほどと感心させられるものであったが、併用して黄色の一般的点字ブロックが施されている。当初より併用の計画なのか、弱視者への配慮不足を指摘されて追加設置したのか、疑問の残るところであるが、デザインプラザという施設であるがゆえ、素晴らしい試みである。

アラン・コルバン＊一九三六年フランス生まれ。カーン大学卒業後、歴史の教授資格取得。感性の歴史という新領野を拓いた新しい歴史家。さらに、いっさいの記録を残さなかった人間の歴史を書くことはできるのかという、逆説的な歴史記述への挑戦をとおして、既存の歴史学に根本的な問題提起をなす、全く新しい歴史家。

極めて違和感の少ない点字ブロック（韓国・ソウル／2019年）

22　エゴイズムの塊のような、エアコン室外機の並ぶ風景

名古屋の夏は猛烈に暑い、熱いとさえ思う。それは日本の気候であるが、名古屋は山間部に囲まれベッタリとした濃尾平野の真ん中で無風地帯となる。さらに海からは遠い。おそらく信長、秀吉の時代から夏は猛暑であったに違いない。どんなに暑い夏でも夜になると、少しは涼しくなりほっとするのが田舎であるが、大都市名古屋は住宅や飲食店のエアコン室外機から出される熱風で、夜も気温を下げることがない。もちろん日中の暑さは、オフィスや工場の大型エアコン室外機から出される熱風で、大都市の水銀柱を昇らしめるのである。

そのエアコン室外機、当然戸外にあって住宅に付随している。住宅が完成してから、エアコン室外機を取付けた場合、不自然なところに瘤がくっついたようになる、部屋は涼しく熱気は外へ、エゴイズムの瘤である。近頃はエアコン室外機の設置が前提なので、さりげなく収まりの良い

住宅に寄生しているようなエアコン室外機（名古屋市／2020年）

住宅設計になってきている。

私の住んでいる二十三戸の小さなマンション（集合住宅）は、このあたり（名古屋市東区代官町）では最初のマンションであったが、今では人気の地域で三十件ほど立ち並ぶマンション街になってしまった。

そんなマンション群をウオッチングしていると、エアコン室外機の景観対策が進化していることがわかる。エアコンは必需品として一戸に一台から一室に一台の時代、その室外機はほとんどベランダに取付けられる。しかし、少しでも広く取った部屋の影響からか、ベランダも充分な広さではない。エアコン設置が入居何年後かの場合、ベランダの多くは物置と化し、室外機を置くスペースは考えられない。その結果ベランダの天井に吊るすということになる。外部景観としては、洗濯物に室外機がずらりと並ぶということになる。おせじにも美しいとは言えない。まあ自分が良ければ景観などどれほどのものでもないというのが、今の一般的日本人の考え方である。

ところが高級を売り物にするマンションでは、当然そこのところは配

ベランダを広く利用するために天井に吊るされたエアコン室外機（名古屋市／2020年）

慮されている。たとえばベランダの柵より低いところに設置し、柵の色より明度の低い色とする。そのことによって、遠目には全く存在感のないものとなる。またベランダガーデニングによって緑の存在感を強調する。配置方向も面積の少ない側面を外部に向けて、あの目玉部分を外に向けないように配慮する。

マンションは、初期販売時に限らず数年後に転売する場合にも、資産価値が損なわれにくいものが初期販売のセールスポイントになってきている。マンション時代も半世紀が過ぎて、二度目三度目の購入者が増えて、そのあたりのチェックもしたたかになってきている。業者としての景観意識が高くなったわけではなく、景観がビジネスの要素の中に入り込んできているのである。動機はどうでも良い、むしろ損得絡みの方が進化は早い。美しい景観が経済価値を生むことは望ましい。

ちなみに築三十五年の我がマンションは、エアコン室外機はベランダの柵の陰に配慮されている。私個人としては、必要ながらもその無骨な存在がうっとおしく、植栽によってできるだけ存在感をなくしている。

エアコン室外機が外から見えないように配慮（名古屋市／2020年）

著者のマンションにおけるエアコン室外機、植栽で内外の存在感を弱める（名古屋市／2020年）

23　後手後手の駐輪場、見て見ぬ振りの自治体対応

名古屋の都心に住んでいる私は、多様な交通手段で行動している。地下鉄、市バス、タクシー、マイカー(二〇二三年三月まで)、そして徒歩と自転車。四十代の頃は時間が惜しくて、圧倒的にマイカーとタクシーを利用していた。五十代に入ったら頃から腰痛が激しく、もっぱら健康と節約のため徒歩と自転車、公共交通機関で行動している。

自転車は「安い、速い、健康的、さらに環境にも良い」と良いところばかりであるが、残念ながら駐輪自転車群と駐輪場の景観が問題である。自転車そのもの、あるいは自転車に乗っている姿は爽快感を与え、なかなか良いものであるが、駐輪の風景が良くない。一、二台ならそれなりに馴染みやすい風景をつくるが、数十台、数百台にもなると壮大なごみ風景となる。

私の最寄りの地下鉄の駅「新栄町」「高岳」「車道」は、多くの集合住宅

名古屋市地下鉄の新栄町駅有料駐輪場(2020年)

名古屋市地下鉄の高岳駅無法駐輪状況(2020年)

を近隣に抱えているので、膨大な自転車が駐輪される。そのことは当然予想されており、名古屋市の方も有料駐輪スペースを整備している。新栄町駅は、歩道上に設けられた有料駐輪スペースが延べ三百メートルに及ぶ。設置当初は違法駐輪が多かったが、撤去という厳しい管理の結果、現在は有料駐輪スペース外への駐輪は全くない。一方新栄町駅から五百メートルほどの高岳駅では近くに有料駐輪スペースがあるにも関わらず、二百メートルに渡って無法地帯である。こちらは放置、あちらは取締りということに根拠は見当たらない。名古屋市の方も「不法駐輪禁止」の注意看板を多数取付けているが、その注意看板がさらに景観を醜くしている。たまたま私の住まいの近隣調査であるが、全国の大都市ではほとんど解決の糸口を見い出せないでいる。

一九八九年、名鉄(名古屋鉄道株式会社)瀬戸線、大曽根駅から東大手駅間の高架にともなって、瀬戸線緑道検討委員会(名古屋市農政緑地局)の委員になった。かなりのスペースを駐車場として利用するという。住民の利便を考えてのことという大義名分が後押ししている。では駐輪

高速道路下を無料駐車場に利用（名古屋市地下鉄の高岳駅／２０２０年）

場はというと、こちらは申し訳程度しか設けられない。なぜかといえば、駐車場と駐輪場のビジネスの差である。

地下鉄の場合も同様、有料駐輪場を完備するために、駅の周辺に民有地を確保することはコストがかかり過ぎるのである。したがって歩道を利用ということになるが、本来歩道はその目的で作られたものではなく、景観上も好ましくはない。基本料金一回百円、一ヶ月二千円も決して値上げできるものではない。横浜の根岸など積極的に駐輪場対策に取り組んだ例はあるが、全国的に解決には程遠い状況にある。

名古屋市地下鉄の駅周辺駐輪場の実例をあげてみよう。東山線本山駅が名城線の環状化にともないリニューアルされた。その際地下に公共駐輪場ができた、しかも無料である。駅周辺は一気に不法駐輪がなくなった。他の駅との整合性が気になったが、利用者にとっても景観的にもベストな結果を生み出した。ところが、今ではまた本山駅周辺に不法駐輪が増えている。地下駐輪場を覗いてみると、有料化されている。料金は他と同じ、地下に移動する負担と経済負担が違法を増やしている。

景観にも配慮された横浜根岸の立体駐輪場（1980年）

因みに、ウイークデーの午前十時、利用率はわずか十パーセントほど、無料から有料へのリスクが露呈していた。(二〇〇五年)

有料か無料かという二者択一ではなく、適切な利用者負担額というのがあるはずである。一回五十円、一ヶ月千円なら圧倒的に利用は高まるだろう。名古屋市は環境問題から車通勤を控えるよう呼びかけている。自転車から地下鉄に乗り換える利用者は、地下鉄料金の負担者でもある。環境にも景観にも、また地下鉄利用者増にとっても、駐輪場料金負担がネックになっていないか、丁寧な検証が必要だろう。地下鉄新栄町駐輪場は有料で、隣の栄駅の駐輪場は無料である。この二十年その状況は変わっていない。

本著出版直前(二〇二三年夏)に、地下鉄高岳駅周辺の無料駐輪場は全域有料化、無断駐輪は違法とされている。

整備員のいる有料駐輪場（名古屋／2020年）

24　市民のあきらめに、当たり前のように不遜な工事塀

都市というのはいつも工事が行われている。建設工事、土木工事、工事がないと「不景気だ」とどこからとなく聞こえてくる。それは都市間競争の象徴のようでもあって、東海道・山陽新幹線を降りると、高いホームからクレーンが何本も見えるかどうか。実業家である大阪の友人が名古屋に来たときに「名古屋は景気がええなぁ」とため息交じりに言った要因はそれだった。戦後日本は建設、土木が景気を牽引してきた。常に前年度比増の意識は、ヨーロッパの思考とは大きく異なる気がする。ヨーロッパの都市を訪れると日本との工事数の違いでそれが判る。

それはそうと、建設現場が好景気の象徴のように思われているせいか、当たり前のように不遜な工事塀が立ちはだかる。「ごめいわくをおかけしています」と描かれた看板の絵は、自動販売機に連動された「ありがとうございました」のように不愉快である。

工事塀はポスター掲示板として常用される（ヴェネツィア／1985年）

この工事塀、デザインがなんとかならないかと考えるのもまた然りである。これまでデザイナーからの提案もあったが、秀逸なものに至っていない。ヨーロッパの多くの街では、工事塀には必ずと言っていいほどポスターがパワフルに貼りめぐらされる。通常ポスター掲示は、日本と異なって厳しい規則があり、ポスタースタンドなど、指定された場所以外に掲示することができない。工事塀はその規則から治外法権にあって、一層パワフルに見えるのである。「工事塀にポスター」の発想は「悪を悪でもって制す」のごとくの力が働いて、ポスターが工事と工事塀の悪景観を吹っ飛ばす。したがって工事塀のポスターデザインは、美しいものではなくデカデカと文字が大きく、繊細なものはない。

また工事塀に絵を描きアートスペースとして展開する方法がある。パリ、ポンピドゥー文化センターの建設工事塀では、それが見事であった。絵の魅力、美術館を含む文化施設の工事であること、都市景観との対比が成功の要因である。

日本でもこの手法はときどき行われる。私も経験しているが、日本の

アート感覚に溢れたポンピドゥー文化センターの工事塀（パリ／1975年）

看板の多く、騒々しい風景にあってなかなか難しい。自然の風景を描いて「町に緑を」などは詭弁以外の何ものでもなく、下手な絵を見せられでもしたら、ますます不快である。工事塀に絵を描いて「町をギャラリーに」は、コンセプトは立派であるが、鑑賞に値する絵が描かれてこそギャラリーである。プロの画家が参加することは極めて稀である。

日本の町の工事塀では、景観の美を高めることよりも、楽しい景観を作り出すことがふさわしいと思う。ユーモアのある景観である。たとえば工事塀の内側にある樹木の見えない部分を工事塀に描き、まるで街路樹が外側にあるように見せかけたトリックアート。通行人はそれを見つけて愉快になる。

市民からの目を盗むようにすすめる工事を、あえて工事の進行状況を見せる「覗き窓」を作る。覗き窓というのは、ついつい覗いて見たくなる心理にかられるもので、覗いた時から工事と通行人との間に不思議な一体感、共犯関係が生まれる。

また騒々しい風景を免れることができないとしたら、ポジティブに工事

街路樹が手前にあるかに描かれた工事塀（名古屋市／1991年）

工事の進行状況が覗ける窓のある工事塀（名古屋市／1991年）

塀の標識、工事道具など取り込んでしまって、ポップアートな風景をつくり出してしまうのもユーモアのひとつだ。

日本人はユーモアを得意としない、ふざけていると取る向きもある。しかし何ヶ月かして、やがて無くなるという一時的な工事塀という存在であるならば、多様な試みがなされて良いのではないだろうか。工事塀を消すことができなくても、心理的バリアを少なくすることはできるだろう。

工事の騒々しさをポップアートのテーマに楽しい工事塀（名古屋市／1992年）

25　町の花になれるか、
ポスターの質と掲示システム

ポスターを美しいという認識は、どれほどの人たちが持っているのだろうか。少なくともポスターデザインをしているグラフィックデザイナー*は、美しくあるべきだという認識を持っている。ポスターの役割は、そのメッセージを伝える広告効果である。広告主にとっては広告効果が百パーセントの目的であって、美は目的ではなく、手段である。

屋外広告(広告看板)や新聞広告、折込チラシなどは美を問われることはほとんどない。しかし、ポスターは美しさ、魅力的が問われる。それは国際的な認識である。ポスターは、絵画と同様な鑑賞するという機能を持ち合わせているので、時には芸術性を持つことが可能である。ニューヨーク近代美術館*をはじめ世界の多くの美術館では、そうしたポスターを多数コレクションしている。また美術の教科書にも、ピカソやセザンヌの名画とともに多数紹介されている。ポスターは公共空間に掲

グラフィックデザイナー*とは、写真・動画・絵画・イラストレーション・文字などを同一画面に構成する人。その主な任務は、情報を視覚的に第三者へ伝えること

ニューヨーク近代美術館*とは、近現代美術専門の美術館。マンハッタンのミッドタウンに位置し、一九二〇年代から「ザ・モダン」と呼ばれたモダンアートの殿堂

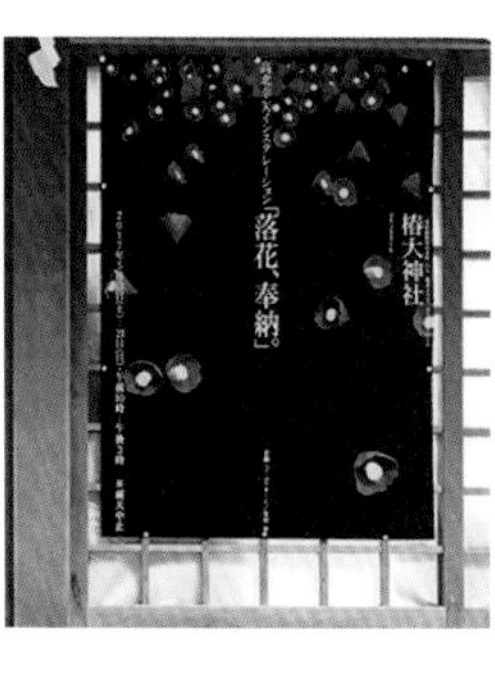

筆者デザインによるポスター(三重県・鈴鹿市2017年)

示されるのであるから、美が問われるのは当然である。

日本のポスターは、国際ポスターコンクールで常にトップの評価を得ており、またその審査には必ず日本人審査員が招聘されている。その世界一の日本のポスターが、日本の町を彩っているかというとそうではない。他国のグラフィックデザイナーが日本に来ると「町に美しいポスターがなぜないのか」と驚く。一つはポスター全体のレベル格差が激しく、トップレベルが世界一でも平均レベルがかなり低いという現実がある。

ポスターは一枚一枚の美にこだわっても、町の華になることはできない。ポスターを掲示するシステムこそ重要なのである。東京山手線、原宿駅から見えるポスター群は、管理する広告代理店の力であると思われるが、いつも美しい大型ポスターが掲示されている。他の山手線の駅ではそうではない。日本の広告業界では広告主の意見が極めて強いが、グラフィックデザイナーと広告主の間に立つ広告代理店の手腕の見せ所も多々あり、原宿駅は優れた広告主とポスターデザインを集めている。

スイスは、日本と並ぶポスターの質の高い国である。日本と異なるの

美しいポスターは町の景観をリードする（東京・原宿／1993年）

はポスターの量である。スイスは数が極めて少ないが質が高い。スイスではグラフィックデザイナーは資格のいる仕事で、高い能力を獲得した上でポスター制作に携わっている。日本は資格など無く、誰が作っても良い。広告主が了解すれば町に貼られることになる。

スイス・チューリッヒの町では、歩道の真ん中にポスタースタンドが設置されている。ポスターが町のアートとして存在している。ここに掲示されるポスターは、厳しい審査を通過したものだけに限られる。掲示期間が過ぎても、次のポスターが選ばれなければ、いつまでも継続されるので、ポスタースタンドにはいつも美しいポスターが掲示されている。

ポスターに限らず、ファッション、プロダクト、建築でも日本のデザインは世界のトップレベルにある。しかしそのデザインが使用されているシステムに関しては、はなはだ残念な状況にある。したがって、日本の町は決してデザインが優れているとは認識し難い。デザイン単体では、デザイナーの才能が大きな力を発揮することができるが、社会システムは市民意識が創り出すものである。

町をギャラリーのように演出する美しいポスターとポスタースタンド（チューリッヒ／1995年）

26　添え木に依存し続ける木の風景に、違和感のない日本人の景観感覚

「町に緑を」の掛け声のもと、グリーンキャンペーンが派手に行われるようになって三十年が過ぎる。自治体も予算を組み、多くの企業も協賛した。さすがに三十年も経つと、緑の少なかった公園も豊かに緑が広がった、木は植えておくものだとつくづく思う。

新しいビルも、建設計画に緑地帯を設計に組み入れ、完成の時にはすでに緑化も終えている。高級マンションでは販売パンフレットに美しい緑が描かれており、実際オープン時には見事に緑化がなされている。緑化はもちろんマンションの価格に組み入れられているのであるが、購入者もそのことは充分納得の上である。

街路樹も、特に道路幅の広い名古屋では積極的に植え続けている。桜通のイチョウ、錦通りのナンキンハゼ、広小路のカエデ、若宮大通のトウカエデと、街路樹が通りの風景を個性的なものにしている。

木の存在よりも添え木が林立する公園（松阪市／1995年）

公園の樹木や街路樹に限らず、植樹をすると必ず添え木が行われる。苗木であれば一本の支柱で済むが、大きな木になると三叉に組んで台風などによる倒壊の対策とする。木の大きさや樹種によっては、一本数十万円から数百万円するものも珍しくない。

私はこの添え木が気になって仕方がない。なぜなら一本の植樹された木ならともかく、新しい公園や施設などで一斉に植樹され、全部が真新しい三叉添え木という風景は、豊かな緑と呼ぶには程遠いからである。添え木が松葉杖のように見え、まるで怪我人続出かのようである。新しい施設であるのだから百歩譲ってしばらくは見守ろう。ところがいつまでたっても、その三叉添え木が無くなることはない。

みっともないではないか、自立してこそ一本の木である。支えられている木というのは不格好だ。象形文字の「木」の左右の払いは根が盛り上がった形であるが、添え木の形になりつつあるような気がするのは余計なお世話だろうか。町の中の木はもちろん自然そのものではないが、人工を意識するものであってほしくない。

添え木の主張が強い印象を与える（名古屋市／2020年）

移植された大木に真新しい添え木（名古屋市／2020年）

「根回し」という言葉は、ものごとがうまくいくように、前もって対応策を講じておくことだが、もともとは木を植え替えるときに根切りをし、枝ぶりを小さくして、木の負担を少なくしておくことを言う。当然植え替えたばかりの頃は、根が張っていないので添え木をしておかなければならない。添え木は必需品であるが、添え木があることによって、いつまでも強い根が張らない。立派な添え木とせず、適当に朽ちやすいデザイン、ということは難しいだろうか。

いずれにしても、移植樹という考え方はどんなものだろう。実生（種から芽生えた木）というのは、強い風の場所であればあるほど根を強く張り、枝は繁らせないという自己防衛ができる。小さな苗木を植樹した場合でも、添え木は些細なもので、たちまち不要となる。木は本来どういう形が美しいのか、町の中であっても根を張った強い木の姿を求めたい。

添え木の必要年数に詳しい専門家の見解は、「添え木が竹の場合は竹が腐るまでが目安で、庭木の種類で考えると苗木の場合は一年、中木なら三年から五年程度、大木であれば十年が目安とのことである。とはい

役割を成していなくとも残る添え木（名古屋市／2020年）

え、住んでいる地域や庭木を植えている位置によっては、しっかり根が張ったあとでも強風や豪雨の影響を受ける可能性がある。その場合は、根が張ってからも添え木を残しておいたほうが安心である。」(株式会社インナチュラルホームページ)

植樹を行った業者にしてみれば、添え木の放置は保険のようなもので、外したとたん台風が来て倒れたら責任がある。しかし、添え木のまま倒れているのを見るのも台風である。

添え木が木の成長と景観を阻害(名古屋市/2020年)

添え木が全く無い公園の清々しい風景(名古屋市/2020年)

27　幸福家族のシンボル、カーポートの存在感の有無

住宅メーカーのカタログ、建売住宅や高級集合住宅の分譲広告、美しい青空に欅と芝生の植栽、ゼラニュームやベゴニアのガーデニング、そしてカーポートに飾るようにあるマイカー、幸福家族のシンボルがそこにある。中流階級意識の具体的な姿がそこにある。

それはさておいて、因みにガレージ(車庫)との違いは、ガレージは屋根と壁とシャッターで四方をおおわれているもの、価格が高くガレージ所有の家は高級住宅ということになる。一般的には、マイカーの置かれている場所をカーポートという。住宅に資金が注ぎ込まれ、なんとかスペースを確保されたという小さな空き地でしかないのが現実だ。それでもマイカーが置かれている眺めはまだ良い。朝、通勤で出て行ったまま一日中空っぽのカーポート。幸福家族のシンボル風景が、歯の抜けたように寂しい。

美しいオープンガーデンと一体のカーポート(名古屋市／2023年)

カーポートのデザイン、なんとならないか。よく見かける工夫は、コンクリートをやめてブロックで舗装、隙間に土を入れ芝生を植える。発想はいい、だが水やりが難しく芝生の育成が困難、枯れているのを多く見かける。芝生に愛情を持ちにくいのだろう。

多くの人が景観上、カーポートに問題を感じているのであろう。様々なカーポートデザインが生まれている。

高山市都市景観賞を受賞した商店街にあるカーポートは、バックボードをガラス窓で抜き自宅の庭を借景とした。多くの商店街でのカーポート、お客様駐車場は悩みの種である。そうした解決に一石を投じるものである。

平成十五年度名古屋市都市景観賞を受賞した「白壁の家」は、マイカーの無いときカーポートはガーデンになる。シャッターを降ろさず地域に緑の景観を提供している。新築住宅であるが、かつての庭に残された大木との一体感のある植栽景観は、設計者とオーナーの見事な共作である。

バックを窓にして庭を借景としたカーポート（高山市／1997年）

カーポートと庭の一体化（名古屋市／2000年）

私の近所の某住宅は、ほとんど車が駐められていないので、そこがカーポートであることが一見判らないほどである。駐車スペースには、枕木が並べられ、枕木は年数が経って苔など柔らかい自然の表情を見せている。周囲や壁面にはフラワーポットが並べられペチュニアなどの花がいつも咲いている。それは庭と呼べるほどである。

近年、集合住宅には一戸に一台の駐車場を設けることを義務付けている自治体が多い。百戸を超える巨大マンションにもなれば、地下駐車場を設けたり、パーキングタワーを併設したりと設計に苦労が見える。居住者にとって、住戸に近いカーポートがあれば、それは魅力的な物件である。一般に眺望が良い高層階が人気であり高価であるが、一階に戸建住宅のように庭とカーポートを併設した設計は、車がない場合でも植栽が一体化した景観を形成し、大変魅力的である。

町角の景観というものは、町を行く人々にとっての心遣いでもあるが、住んでいる人にとっても素敵でありたい。カーポートは、便利と心地良い景観を共に実現するにはどうすればよいかの難問である。

カーポートであり庭でもある（名古屋市／2020年）

豊かな植栽が、カーポートの存在感を和らげる（名古屋市／2020年）

28　ゴミ箱はゴミか、町からゴミ箱が消えた

二〇〇二年、東京都千代田区が、煙草のポイ捨てに対する罰則規定を設けた。強制力のない努力義務としての条例はそれまでにもあったが、一向にポイ捨てが無くならない状況に、禁止または努力義務を組み込んだ条例を制定することとなり、他の自治体にも広まった。

名古屋市、横浜市などではそれから数年後に千代田区と同様の条例が景観重点地区を核として始まった。こういった条例はいつも東京にリードされる形で始まることが歯痒い。その頃の状況は、町の紙くずゴミがほとんど無くなり、煙草の吸殻がやたらと印象に残るようになっていた。一部の喫煙者のマナーの悪さが喫煙者全体のイメージになってしまう。

かつて名古屋の繁華街には灰皿があった。多くはゴミ箱とセットになっていたもので、下部がゴミ箱、上部が灰皿になっていた。世界デザイン博覧会*が決定して、デザイン都市名古屋には美しいデザインのゴミ箱であ

分別指示のスローガンが醜いゴミ箱（函館市／1992年）

ゴミ箱を目印に空き缶が集まる（福岡市／1992年）。

るべきだということで、それまでのものを廃止、ゴミ箱デザインコンペティションが行われた。「名古屋市公衆ゴミ容器デザインコンペ」という、一九八八年のことである。

それまでの金属製のものは、不安定で角が鋭利で怪我をした者もいるという。視覚的にもやさしくなかった。決定した新しいゴミ箱は、陶器製でどっしりとした安定感があり、フォルムもやさしく、陶器の触感も評判が良かった。卵色一色は存在感と町における調和の絶妙なところで、「ゴミ箱は目立つべきか、目立たないほうが良いか」の論議に中間的な色で応えるものであった。翌年の世界デザイン博覧会では、新しいデザインのゴミ箱が活躍したが、次第に問題が出始めた。まず陶製でコストが高く、増やすには予算がない。陶製なので酔っぱらいが蹴飛ばして割ってしまったりする、維持管理予算もない。

さらに別の問題が出てきた、「ゴミ箱の周辺が汚い」という評判。ゴミ箱にきちんと捨てず、周辺にゴミが散乱する。灰皿の煙草が消されていないので煙が立ち上がる、下部がゴミなので火災の危険もある。家庭の

世界デザイン博覧会＊とは一九八九年、名古屋市内の三会場で開催された博覧会、名古屋市制百周年を記念して開催

デザイン博以前に使用されていたゴミ箱（名古屋市／1988年）

コンペで決定した陶製のゴミ箱（名古屋市／1989年）

ゴミを持ってきて捨てる。そうした問題は、新しいゴミ箱のデザインによるものではなく、以前より日本中の町であったもので、デザインが話題になったがゆえに責任を被せられた形になった。

「ゴミ箱があるからゴミが集まる、町でゴミを捨てるな、ゴミは持ち帰ること」という考えのもと、ゴミ箱を止めた。不便だという声もしばらく多かったが、一九九四年地下鉄サリン事件*が起き、ゴミ箱が犯罪の要因になる可能性から、交通機関をはじめ全国の町からゴミ箱が消えた。ゴミ箱が無くなったからゴミが散乱するということはほとんどなく、ゴミ箱がゴミの発生誘発器であったという皮肉な結論となった。

世界中の町を歩いているとゴミ箱のない町が多い。印象深いのはスイスのチューリッヒ、この町のゴミ箱は四十センチ程の高さの円筒形、色は美しいレモンイエロー。石造りのシックな風景にアクセントを与えている。マナーレベルの高いチューリッヒの市民にゴミ箱を利用する人はほとんどなく、ゴミ箱が満杯になってゴミが散乱している状況を見ることはない。

ゴミ箱をゴミにしてしまったのは、その町の住民の心であって、ゴミ箱

ゴミ箱の周辺にはゴミが集まりやすい（新宿／２００１年）

地下鉄サリン事件*とは、宗教団体のオウム真理教によって、営業運転中の東京メトロ地下鉄車両内で神経ガスのサリンが散布され、乗客及び乗務員ほか、十三人が死亡、六千人あまりが重軽症を負った

のせいでは決してない。ほんの少し、ゴミが出たら捨てることのできる美しいゴミ箱があったら、やはり町を清潔に保つストリートファーニチャーとして魅力的なものになるだろう。

近年は、ゴミを生み出すコンビニエンスストアが、その店先に分別ゴミ箱を設置して対応している。店先であるがゆえにデザインにも配慮されているが、ここに家庭のゴミが持ち込まれるという状況があって、店内に設置される店も出てきている。美しい町とマナーの問題は、ゴミ箱のあり方に象徴されている。

小さなレモンイエローのゴミ箱が、町のアクセントになっている（チューリッヒ／2001年）

コンビニエンスストアのゴミ箱は、町のゴミ箱ではない（名古屋市／2020年）

29 シースルーなバスシェルター、市民を守るための消えるデザイン

二〇〇五年頃より、名古屋をはじめ全国のバスシェルターが大きく変化してきている。強化ガラス張りで、全方向からの見通しを確保し、暑さ、寒さ、風雨、埃からバス待ちの市民を保護している。その上充分な照度を保っており、夜間における地域の明るさによる治安にも貢献している。かなり斬新なデザインのように見えるが、コペンハーゲン、サンフランシスコなど欧米のいくつかの町では、さらに十年以上前から採用されてきたデザインである。

問題は、製作費用、施工費用であり、この美しさを維持するためのメンテナンス費用である。全国ほとんどの公共交通機関は厳しい赤字財政であり、税収で補填しているのが現状である。バスシェルターへの配慮どころか、バス停標識の劣化への対応すら難しい状況にある。

名古屋市交通局にそのあたりのことを質問してみた。このバスシェ

シースルーのバスシェルター昼(右)夜(左)、昼夜安全と景観を提供（名古屋市／２０２０年）

ルターは、エムシードゥコー株式会社*(MCDecaux, Inc.)に委託しているもので、製作、施工費用、メンテナンス費用のすべてを委託会社が負担している。名古屋市としては一円も費用がかかっていないとのことである。

メンテナンス費用も含めて膨大な費用をどのように捻出しているのか。バスシェルターに設置された広告ポスターの掲示料金ですべて賄えるとのことである。裏表たった二枚のポスターの掲示料である。長く広告デザインの仕事をしてきたが、この費用対効果には驚くばかりである。詳細は明らかにされていないが、かなりの高額な掲載料であるということだ。バスシェルターの設置されている場所は歩道上であり、歩道上における広告は道路不法占拠条例によってすべての自治体で禁止されている。ただし、電柱(電力柱)、電信柱、消火栓標識柱などは例外とされている。バスシェルターのポスター広告は、この例外に該当させているとのことである。立地が広く確保され、乗降客の多いバス停のみ設置されており広告効果との関係も成立しやすい。また都市景観上、醜いポスターが掲示されないように厳しいデザイン規定がなされている。結果、飲料メー

エムシードゥコー株式会社*は、本社東京、支社を大阪、名古屋、富山、福岡に置き全国四十一都市に展開してきている。もともとはフランスの企業で、三菱商事株式会社が十五%の株出資をしている

シースルーのバスシェルター(コペンハーゲン/1995年)

カー、化粧品メーカーが多く、地域によっては教育機関が多くスポンサーになっている。

清掃は週一、係員が来て丁寧に行っている。実際に見たことがあるが、清潔な制服に身を包み、テキパキと清掃をこなしていく姿は公共物への対応として、大変好ましいものだった。バスシェルターを清潔に保つことは、バスの利用者はもちろん、その歩道を利用する市民にとっても、広告スポンサーにとってもイメージが高く、喜ばしいことである。

シースルーであることは、景観上望ましいばかりではなく、バスをはじめドライバーにとって安全確認がしやすく、特に夜間の犯罪防止にも効果がある。

このバスシェルターは、二〇二三年現在、全国主要四十一都市に展開されている。シースルーで都会的シャープなデザインは共通しているが、都市によってデザインが異なっており、地域のオリジナリティも打ち出している。全国規模で広告が展開できることは、スポンサーにとって効果的な媒体であり、大企業のスポンサーが対象となりやすい。一方で、路線

シースルーのバスシェルター（サンフランシスコ／２００６年）

現在もわずかに残る旧バスシェルター（名古屋市／２０２０年）

別にポスター広告を掲載することも可能で、大企業と並列するイメージを打ち出すこともできる。

日本ではポスター掲示板の他に、バス停銘板、ベンチ、バス時刻表、路線図、などであるが、外国では公衆電話、地域案内サインなど多機能化している。

エムシードゥコーのシースルーバスシェルターは、景観だけではなく、都市の多くの問題点を解決することに成功している。景観賞をはじめ多くの都市デザインにおける表彰を受けていることもうなずける。

情報を多く集積させている都会的なデザインのバスシェルター（ソウル／２０２０年）

30　消える店舗、移動する店舗、都市の賑わいを創る屋台と夜店

都市は、うごめく魅力に溢れているべきである。生まれ、成長し、増殖していく、そして、消え、再生する。新しいショップやブティック、カフェ、レストランの出現は、変わることのない老舗とバランスの良い繁華街の魅力を形成する。

多くの都市住民はそんな町を愛し、来街者たちは惹き寄せられていく。しかし、定住店舗に大きな変化を求め続けることは難しい。町に刺激を与え、楽しい演出をする仮設店舗、移動店舗の役割は大きい。中でも露天商は祭りなどのイベント、また定期市には欠くことのできない存在である。仮設であるがゆえ、定住店舗にはない怪しさにそそられるということもある。馴染みのない露天商人とのやりとり、町内会の祭りやPTA主催のバザールも、素人っぽさがかえって非日常感を楽しむ要素となる。翌日には消える店舗なので許される価格、サービス、衛生感覚であ

夜の屋台が町のもう一つの顔、観光客にも人気（福岡市／２００３年）

真夏の午後、「わらび～もち」の売声とともに出現する屋台（名古屋市／１９９０年）

る。近年の常設型屋台村人気は、都市に露天商の数が減ってきているこの逆現象であると考えられる。

パリのセーヌ河畔に並ぶ古書仮設店舗は、昼過ぎに開店し、夕暮れの勝手な時間に閉店する。雨天や寒い日には休店、散歩者の多い時間を狙って開店するやり方は、日常と非日常の程よい曖昧性を実現しているといえるだろう。

最近のカフェテラスブームは、ヨーロッパを旅してその魅力を知った人たちの期待に応えてのものと思われるが、街路と店舗の関係を賑わいで結ぶ魅力あふれる場である。ただ日本では条例により、歩道にカフェテラスを設けることは基本的に許可されない。

名古屋市の久屋大通北では、そうした市民の期待に応えるために歩道にカフェテラスを設けることを条件付きで試みている。近隣の飲食店が椅子テーブルを自前で用意し、その歩道利用料を名古屋市に払う。ただし、この椅子テーブルはその飲食店の客に限ることなく誰でも利用することができるルールとなっている。したがって、誰もが休憩のみで使うこ

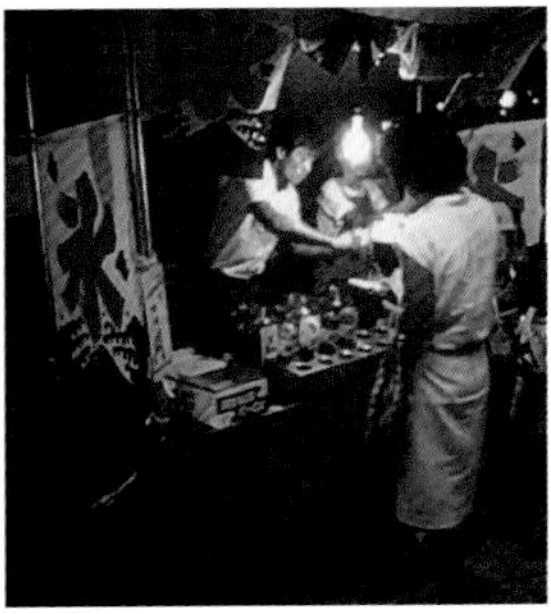

祭りの賑わいに欠くことのできない露天商（名古屋市／2014年）

セーヌ河畔に並ぶ古本屋（パリ／2012年）

とができる。天気の良い日に、近所の人たちが弁当持参でこの椅子テーブルを利用している姿を見かける。結果、飲食店の客が利用できないということが起きる。飲食店にとっては、かなりのリスクを背負っていることになるが、町が進化していくためにはこういった努力が必要だろう。

移動店舗とは、屋台のことである。出現と消失を繰り返し、町に魅力を生み出している。屋台は車付きで、即移動できることを条件付けられている。そば屋、うどん屋、焼きいも屋、わらび餅屋、たい焼き、たこ焼き、いそべ焼き、おでん、そのほか花、風鈴などその種類は増えつづけている。キッチンカー(ケータリングカー、フードトラックとも呼ばれる)なるものも登場して、ホットドック、アイスクリーム、ピザ、クレープ、ワッフルなどを販売している。ポップなカラーデザインの車で、町の新たな魅力となっている。

法律的に屋台は、車が付けば建築基準法から外れ、道路では道路交通法や道路法の規制を受ける。しかし基本的に家賃無料の店舗で

屋台で人気の磯辺焼き(銀座/2002年)

キッチンカーは屋台の進化形(渋谷/1998年)

あるので、商品価格に家賃料をのせる必要がなく、安価に販売できることが最大の利点である。安価に対面販売の魅力が加わって、さらにその時だけの特別感を楽しむことができる。

都市計画家で多摩大学名誉教授の望月照彦氏の調査によると、東京で屋台が最も多く出現するのは銀座であるという（『マチノロジー――街の文化学』創世紀刊）。商店に高価格商品が並ぶ町こそ、焼きいもいそべ焼きも極めて安く感じられる。もちろん人通りが多く、集客力の高い町でなければ、単品が基本の屋台は難しい。

町の景観において、整然とした美しさは大きな魅力であるが、それだけでは人は町に惹きつけられることはない。住まいから出て非日常を求める町では、整然とした美しさと対比する活気と賑わい、時として猥雑さも同居させる町こそ魅力的だといえる。出現しては消える店舗、露天商、屋台、歩道や広場のカフェテラスは、町における欠かすことのできない景観である。

公園で定期的に開かれる花市（フィンランド・ラハティ／1982年）

31　噴水は水の花、町の花、枯れて超粗大ゴミと化す

水は万物の源、水を見ることで私たちは生命の漲りを感じる。まして自然から隔離することを目的として造られた町は、いっそう潤いを求めて止まず、景色の中に水の演出を試みてきた。古代より、町には噴水、水路、水飲み場が設けられてきた。

なかでも噴水は町の花で、為政者の力のシンボルとして噴水に財力を注いできた。ローマ、ポーリ宮殿の壁と一体になったトレビの泉は、その代表的なものである。今でも訪れた私たちは、その権力の大きさを想像してため息をつく。乾いたローマの町に潤いと憩いをもたらしている。

こうした古代ヨーロッパの流れを汲んで、公園(広場)と噴水は、現代の都市に欠かせないものになった。公園を造ればそこに噴水を設計、シンボルとなすことは定番的手法である。

名古屋市が名古屋観光ホテルの北隣接に造った下園公園は、和風公

いつも賑わいを見せているトレビの泉（ローマ／1984年）

レマン湖の一四〇メートルの噴水（ジュネーブ／1995年）

園。公園という考え方はもともと西洋的都市設計でなされた一構成要素であって、日本の庭園とは異なる。和風公園などという考え方は存在するのかと疑問に思う。庭は屋敷、寺社内に造られたものであるから、やはり公園ではない。公園であるなら噴水が必要、噴水は和風ではないので、水車が造られた。下園公園にはモーターで回転する水車が動いている。回転していると巻き込まれたりして危険である。危険であるのでチェーンで囲み、立入禁止の立て札が立つ。

　基本的な考えに間違いがあると、このようなちぐはぐとしたものができる。公園とはなにか、噴水とはなにかの本来の目的を見失ってはならない。水車というものは穀類を挽いたり、田んぼに水を引くなど、川の水流の力で回転する原動機である。その姿が美しく情緒的ではあるが、決して見世物ではない。モーターで動かされる様は田舎育ちの私には見るに耐えない。和風公園に水の演出ということなら、滝やせせらぎだろう。

　公園の噴水は、その装置を見せることよりも、水そのものの造形性を見せることが大切である。予算との関係もあるが、無限の可能性を秘

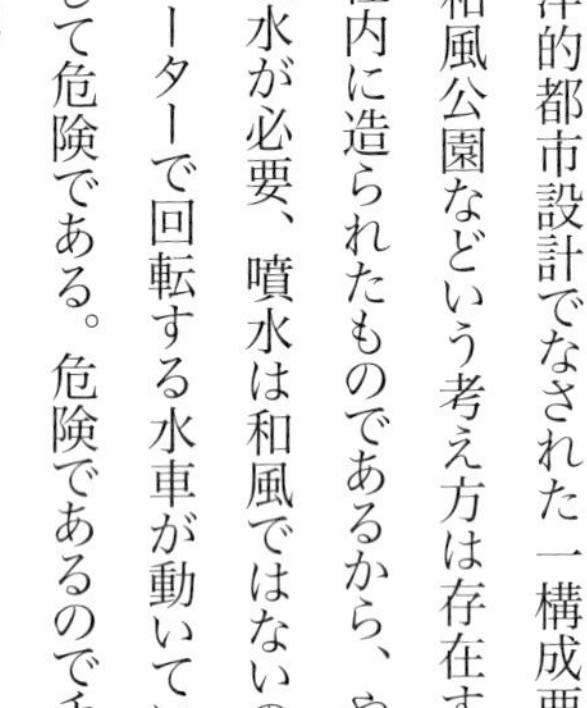

下園公園の巨大水車、現在は撤去（名古屋市／１９８５年）

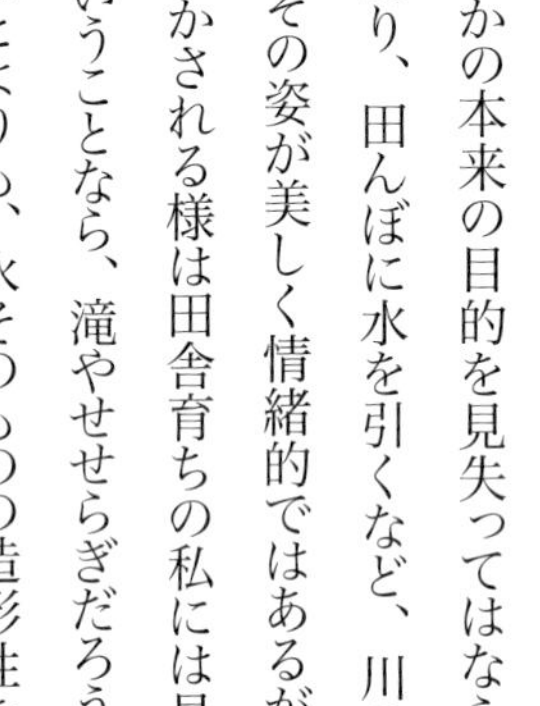

池のない安全性の高い噴水（名古屋市／２０２０年）

めている。スイス・ジュネーヴのレマン湖にある「ジェドー」は、一四〇メートル高さを誇り、ジュネーブのランドマークとなるとともに、観光スポットとしても人気がある。またラスベガスの噴水は、「噴水ショー」と化し、音楽との競演、噴水へのプロジェクションマッピングは観光の目玉である。

さらに重要なことは維持管理であり、噴水の魅力はその水の清らかな姿に支えられている。噴水の池に枯れ葉やゴミが放置されれば、不潔なイメージが植え付けられてしまう。ゴミはゴミを呼び、維持管理費が嵩む、ならば水を止めようということで、噴水はゴミ箱化する。商店街に噴水を設け、涼を演出しようとしたが、ゴミ箱化していることが多い。

噴水の池が維持管理上問題が大きいというので、池をなくし噴射された水を床面に開けられた小さな穴に吸収させるようにしたものがある。名古屋市名城公園彫刻の庭にある「水の広場」で、設計は象設計集団、平成五十九年度名古屋市都市景観賞「都市景観大賞」を受賞している。清潔に保つだけではなく、小さな子供の安全性も含めて、近年ではこのような池のない噴水が増えている。

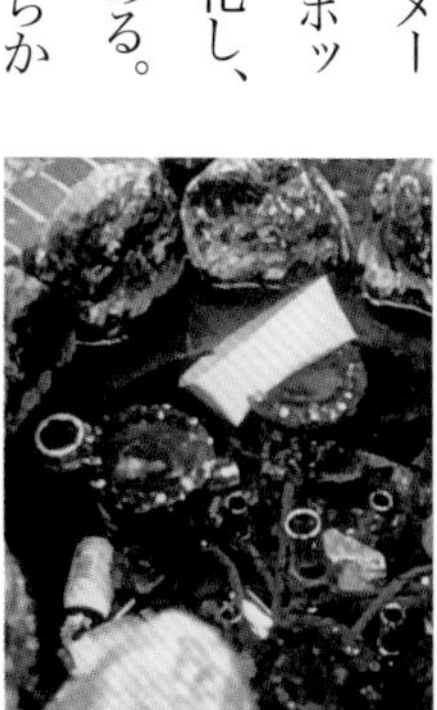

噴水が止められ、ゴミ箱化状態（呉市／1987年）

芸術、遊具、噴水を一体化（名古屋市／1984年）

32　増殖し、形骸化する町の精神性、ゲートが作る負の風景と聖の風景

町には多くのゲート(門)を見ることができる。住宅の門、寺院の門、神社の鳥居、集合住宅の門、高級レストランの門、商店街の入口に設けられたゲート、公共施設のゲート、コインパーキングのゲート、どんどんゲートが増殖している。

パリ、エトワールの凱旋門のような誇り高きゲート。英雄ナポレオンのために用意されたこの凱旋門は、一度もナポレオンの勇姿を飾っていない。しかし、今ではパリの象徴として世界中の観光客を迎えている。

ゲートは訳すると門、東洋の住宅、寺院、城などがイメージされる。ゲートは門を含め、広い意味を持っている、仕切りを示す象徴、結界を暗示するものとしても存在する。ゲートのこちら側とあちら側は異なる意味を持っていることを示している。内と外、パブリックとプラ

シャンゼリゼ通りのランドマークとなっている凱旋門（パリ／1992年）

イベート、有料と無料、ゲートはそうした意識の切替に効果を見せる。ドアのように心身の決意を持って越えるまでもない、むしろ誰もが受け入れようとする姿をしている。

日本においては、神社の鳥居がその代表的なもので、誰もが侵入することができ、拒まれることはない。むしろ晴れがましく迎えられるという印象である。しかし、無意識に通過するというものではなく、心の切替が自然に行われる。そこが神域であることを誰もが認識し、精神の清めが行われる。玉砂利、手水、しめ縄、深い緑陰、向こうに見える社などがその気持ちを高めてくれる。

そうした鳥居に代表されるものが、ゲートのあるべき姿であると考えたいが、町にある多くのゲートのなんと虚しいものだろう。身体に直接触れることのない機能性を持たないゲートは、その精神の高さを感じられるデザインが必要である。

個人住宅や集合住宅であれば、そこに住む人の趣向、地域性にのっとった品位というものが求められる。公共施設であれば、その使用目的

新都心ラ・デファンスのシンボル新凱旋門（パリ西部郊外／2004年）

神域を示す椿大神社の鳥居（三重県鈴鹿市／2017年）

に添ったイメージが求められる。しかし必要以上に華美な装飾が施されたゲートのなんと多いことだろう。そこには町がパブリックな空間で、市民の景観財産であるという考えを欠いている。

　繁殖し続けるコインパーキングのゲート。判で押したような黄と赤のペインティング、そこに青と緑が加わった極彩色のデザイン。精算機とそのわずかばかりの雨除けの貧相なデザイン。少しでも安いパーキングを求めようとする利用者の気持ちを映したような寂しい姿である。

　商店街のゲートはいつから始まったのであろうか。デザインの根拠を何に求めたのか、果たして商店街にゲートが必要なのだろうか。一般に、商店街は商店の自然な集まりではない。商店街振興組合という組合組織であり、公金の助成を受けている。助成金は商店街の街路灯やゲートの費用として使われる。助成金があるのでゲートが作られ、維持管理も可能という考え方もできる。

　横浜や神戸の中華街では、そのコンセプトがはっきりしているので、ゲートが作り出す商店街のイメージが極めて強く、効果を上げて個性

景観的配慮を欠くコインパーキングゲート（名古屋市／2020年）

目的が疑問視される商店街のゲート（名古屋市／2020年）

的な景観を生み出している。

韓国ソウル市の南天門市場のように、門があってその周囲に市場が広がったという珍しい例もあるが、多くは活気のある商店街を演出するために造られたはずである。残念ながら斜陽の商店街にゲートは一層活気のない姿を見せてしまっている。多くの商店街は多様な商店の集合であり、何かの形のデザインに象徴させることは難しい。多様な商店の個性を包含するためには、むしろシンプルさが求められる。

正月に近所のきしめん屋さんでお昼をいただいた。凛とした門松に迎えられ、そこに日本のゲートの正しい姿を見た。

中華街の町並みとゲイトが一体となった景観（横浜／1980年）

町のシンボルとなっている南出門（ソウル／2006年）

33 町の花、野外彫刻、町の空間泥棒、野外彫刻

町に設置する野外彫刻というのは、誠に難しい。一般論として「町に彫刻を設置しよう」という提案に対して、予算はともかく、多くは賛成される。文化や芸術に対しての反論は持ちにくいし、その段階では具体的プランが示されていないことが多い。

ほとんどの場合、町に野外彫刻を設置するという場合は公園や公共建築などの公共用地、あるいは駅やショッピングセンターなどの公共的空間である。設置者は自治体であり、公共的空間の責任法人である。そこにアートディレクターの存在はなく、素人集団で意思決定されることが多い。コンサルタントにアドバイスを得ていたとしても、コンサルタントも専門家を抱えているわけではない。アートディレクターという存在も知らないということが多い。また野外彫刻が寄贈ということも多く、さらに充分な検討が行われにくい。美術館では作品収集という

周囲の建築に美しい空間バランスの彫刻（富山市／1994年）

久屋大通公園北からテレビ塔を望む景観（名古屋市／1990年）

予算が組まれ、専門家会議で検討されるが、野外彫刻の場合、その設置認識が低いと言わざるを得ない。

野外彫刻は、二宮金次郎像でも西郷隆盛像でもない。現代の都市計画、都市構造を持つ町と一体化したパブリックアートである。パブリックの認識が希薄なまま、町に彫刻が置かれてしまっている。

野外彫刻は、風景と空間、そこが紡いできた歴史、風土が重要である。設置できるスペースがあれば良いというものではない。彫刻をどこから眺めるのか、あるいは見えるのか、サイン、ストリート・ファニチャー、屋外広告、あるいは他の彫刻との関係は良いだろうか。日本の公共空間は基本的にスケールが小さく、近距離で魅力的であるもののそれは日本の庭園感覚が影響しているのかもしれない。現代の都市にふさわしい野外彫刻には充分な空間が求められる。

比較的空間に余裕のある都市公園について考えてみたい。名古屋・久屋大通公園の北は、美しい欅並木が続いていた。初冬から早春は葉を落とした欅が太陽を浴び、その向こうにランドマークの名古屋テレビ塔を

シャープな都市空間にダイナミックな彫刻（ニューヨーク・トレードセンタービル／1990年）

回転し動く彫刻、キネティックアートと呼ばれる（静岡県掛川市／1985年）

眺めることができ、春から秋は欅が繁り木漏れ日を落としていた。しかし、姉妹都市提携の記念レプリカ彫刻が公園北中央に設置され、抜けるような景観は息苦しくなった。もちろん、テレビ塔を遠望することもできない。

さらに二〇二〇年秋、再開発によって商業施設を配することとなり、名古屋市が都市景観のモデル地区としてきた久屋大通は明らかに景観が崩れた。欅もほとんど伐採され、濃い緑の空間は失われてしまった。

また彫刻には彫刻台に設置されているものと、地面に直接設置されているものがある。見る側の視線を考えて台が必要とされるが、そういう彫刻は町の空間には小さ過ぎることが多い。台が不要なスケールの彫刻が望ましい。人物彫刻であれば、等身大以上が望まれる。台は「芸術でございます」というわざとらしさを感じさせる。町と彫刻が融和した中で、彫刻の存在感を見せたいものである。

久屋大通公園の南には、ベンチに座る母娘の彫刻があった。市民と彫刻の距離を縮め、彫刻のある町空間としての提案がなされている。

噴水と一体化させた広場の彫刻（山梨県甲府市／1994年）

等身大の彫刻は公園と一体化させる（名古屋市／1990年）

34 閉店後から始まる商店のシャッター、脇役としての美技

一九八〇年代半ば、名古屋一の賑わいを誇っていた広小路商店街には少しずつ銀行、証券会社が増えて、賑わいに陰りが見え始めていた。午後三時以降各店舗の照明が灯り、これから夕方の華やかさがという時に金融関係のシャッターが降りる。どこの商店街も業種によって開店時間は異なるし、休業日も異なる。その上、金融業が増えれば町の活気は損なわれる。そこで中部二科会(美術公募団体)のメンバーがシャッターに絵を描き、広小路商店街に文化と賑わいを取り戻そうということになった。

ワッとマスコミが飛びつき、商店の休日に絵を描く画家たちを取材し、報道した。完成後はその絵を見ようとする人々で賑わいが起こった。もちろんそのようなことで、広小路の賑わいが恒常的に復活するわけもなく、日々褪せていくシャッターの絵とともに忘れ去られ、元の商店街に戻っていった。シャッター絵画が話題になっただけに、その後の風景は以前

商店街のシャッター絵画(名古屋市/1998年)

よりなお寂しいものに感じられた。絵は新たに描かれることもなく、一過性のイベントとして終わったことは言うまでもない。

このことで、「閉店後のシャッターが無愛想なものでは良くない」というメッセージが広く発せられ、そういう意味では一つの成果であった。

商店街の賑わいを構成する最も重要なことは、買い物客を寄せるための商品、商店、商人であり、看板である。もちろんシャッターではない。閉店後のシャッターが無愛想なグレイ一色で塗られたもので良いということではなく、そこには閉店中であっても、商店街の雰囲気への配慮が必要ということである。

閉店後のシャッターは、主役の降りた舞台のようなもの、どれだけ頑張っても主役にはなれない。脇役としての美技が求められるのである。「絵を描いて商店街の賑わいを演出する」といった考えは、かなり無理な要求と言える。閉店後のシャッターは、訪れてくださったお客様へ「申し訳ございません本日は営業を終えました。またのご来店をお待ちしています」の気持ちが重要で、そうした店主の情報、心をシャッターに

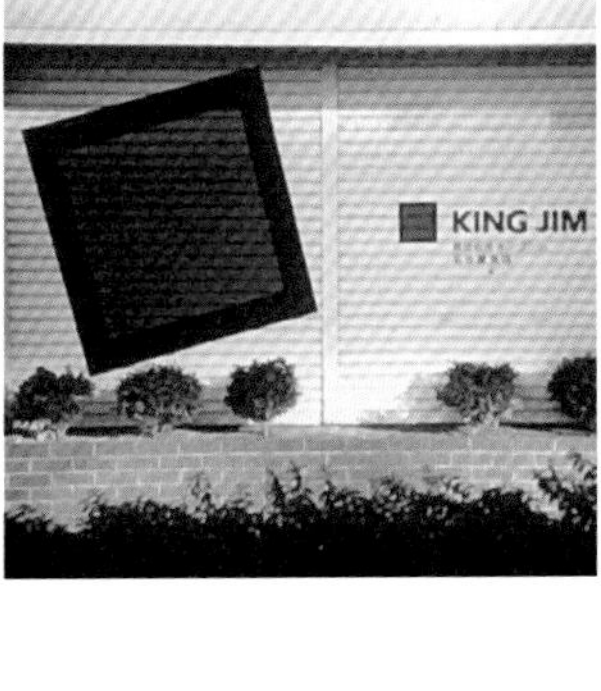

閉店時も店のイメージを伝えるシャッター（渋谷／1992年）

込めたデザインが必要である。当然そこには美しさが求められるが、それは絵画鑑賞のようなものではなく、情報をきちんと伝えるためのデザインの美しさである。商店、商品のイメージを的確に表現し、商店街の賑わいの中で閉店後の慎ましやかな品位が求められる。幸い少しずつそういったシャッターが増えてきて、景観デザインの進化が見られる。

できることなら閉店後も、ショウウィンドウディスプレイを眺めることができるのが望ましい。チューリッヒは世界の銀行の町であって、メインストリートであるバーンホフ通りは、銀行がずらりと並ぶ商店街である。しかし通りに面した部分はブティックなどに貸し出し、夕刻になってもほとんど銀行があることさえわからない。賑わいあるストリートへの配慮には驚くばかりである。日本の銀行の威厳、信頼とは異なるものである。

かつて、夜遅くチューリッヒの旧市街の裏通りを歩いていたら、遠くに美しいショウウィンドウが見えた。バーでもあるのかと近づいてみたら、水道工事屋だった。水道管や工具のあまりにも美しいディスプレイが目に焼き付いている。

銀行のファサードをブティックに貸与して賑わいを演出（チューリッヒ／2000年）

35　重い空気の不気味な倉庫、安心で美しい景観に

一九八八年、名古屋市景観アドバイザーを務めていた頃、金山総合駅東の沢上町陸橋のカラーデザイン計画を提案することになった。暗いグレイ一色の塗装が剥げ落ち、みすぼらしい姿を呈していた。

金山駅の再生と地域の再開発を踏まえて、沢上町の景観に注目が集まったとも言える。周辺環境の色彩調査を行った上で、明るいグレイと中間調のグレイに明度差を付け、ツートンのデザインを計画した。金山駅への通勤、通学路として利用されるマイナーな陸橋。騒々しくない、しかし明るい景観を提供することができた。

ところが、その陸橋高架下に名古屋市が管理する倉庫があり、シャッターがやはり暗いグレイで塗装されていた。いかにも倉庫という感じではあるが、いったい何のための倉庫なのかといった不気味さが感じられた。

その倉庫シャッターを、ポジティブさを主張させるマリンブルーに、と

管理番号が倉庫への信頼感を生み出す景観（名古屋市／1987年）

ころどころにあるドアは深いモスグリーンに、小さな換気口は赤いアクセントカラーにした。だが、いくらポジティブに美しい景観を創出しても、不気味さは残る。つまり、安全に管理されている倉庫の位置づけがなされない限り、不安な風景となってしまうのだ。

名古屋市と相談の結果、沢上町のイニシャルSを使い、S-1、S-2、S-3……S-10と管理番号を大きく白字で描き込んだ、ドアにも同様にマーキングを行う。きちんと管理されているという印象は、デザインによって伝えることができる。

町の小さな公園には隅に小さな倉庫がある。清掃道具などが納められていると思われる。管理者名が明示されていないことが多く、怪しい倉庫となっている。倉庫には必ず管理者名が必要である。不安な倉庫を安心で美しい景観にするのは難しいことではない。小さな配慮であるが、安心が景観の大きな要素であることを認識したい。

愛知県半田市には、日本有数の美しい半田運河があって、市を象徴する景観となっている。酢の醸造メーカーとして著名な株式会社Mizkan

運河と黒い倉庫が互いに引き立て合う景観（半田市／2023年）

小公園の管理不明の倉庫（名古屋市／2023年）

(ミツカン)の工場と倉庫である。現在は使用されることはなく、運河景観保存のために会社の維持負担で残されている。運河と黒い倉庫群は互いにスケールと重厚感で引き立て合い魅力的な風景を創出している。

倉庫の中央に江戸時代から続くミツカン酢のマーク(現在の株式会社Mizkanはリデザインされ少し異なる)が描かれ、巨大倉庫のボリュームを引き締めている。また清潔に保たれた管理の安心感も、より穏やかでゆったりした景観形成に寄与している。

北海道の小樽運河と倉庫群も、やはり江戸時代より続く賑わい景観を近年甦らせている。観光名所でもあって多くの人の訪れるところである。ライトアップされたレンガ倉庫が続く様は、かつて盛んだった海運業の歴史を感じさせてくれる。私は、雪の積もる小樽運河を夕暮れどきに訪れ、夕焼けとライトアップが競うドラマチックな時間を楽しむことができた。

ライトアップで映える倉庫群（小樽／1990年）

レンガ倉庫には、やはり海運業全盛時代の歴史を感じさせるごつい倉庫名が描かれており、景観に安心とおもしろさを与えている。

36　自己満足の商用車広告に気づき、好感度で町を走れ

都市景観を形成する大きなものに車がある。町の真ん中を抜けていく道路の、さらに真ん中を走る車両は、町の景観に大きな影響がある。日本では少なくなった路面電車、ヨーロッパでは、パリ、アムステルダム、チューリッヒ、ミラノ、ウイーンなど多くの町で現役である。しかも連結されていることも珍しくなく、その存在感は極めて大きい。美しいカラーリングでデザインされ、町の景観に寄与している。

公共交通バスはパブリックなものであり、台数も多く、その景観への影響は極めて高い。ラッピングバスはもとより、バスのカラーリングデザイン、取り付けられる広告、取り付け手法などを含め、今後さらに高いレベルが求められる。

一方マイカーは、日本では派手な色彩の車は滅多になく、たまに追い越していくフェラリーの印象を強く残す。台数が多く、都市景観に与

える影響は大きいが、不快感を伴うものは少ない。

問題は商用車である。大はトラックから小は宅配原付バイクまで、広告を貼り付けて走りまくっている。商用車であるので、自社名あるいは自社製品名を広告することは当然であるが、効果的な広告になっているのだろうか、自己満足に陥ってはいないだろうか。商用車はじっと観るものではない。たまたま目の前を通り過ぎるもの、あるいは停まっているのを目にするのであって、その商用車への注意力は散漫である。テレビCMあるいは新聞、雑誌広告のようにじっくり観るというものは、広告効果を高めるために優れたデザインが工夫される。

商用車の優れたデザインとは何か。まず好感を持たれる広告でなくてはならない。美しい、おもしろい、かわいい、感じが良いといった広告に対しての容認、相互コミュニケーションが必要である。商用車の圧倒的多くはその配慮に欠けている。美しくない、おもしろくない、かわいくない、感じが悪いのである。そういうビジュアルに対して私たちは心を閉ざす。都市景観にとっても、自社のことだけを考える自己満足

町を楽しく、美しく走る商用車、前ページ右より、人材派遣会社、弁当宅配、花屋（名古屋市／1991年）

なゴミである。

そもそも、車体に住所や電話番号、最近はホームページアドレスなど、たくさんの情報を入れ過ぎる。「これまで商用車を観て、住所や電話番号をメモしたことはありますか」というアンケートを取ってみれば一目瞭然だろう。美しくデザインされた社名（あるいは商品）のロゴタイプ、マークをイメージカラーでカラーリングデザインされた商用車であれば、好感をもって受け入れられ、記憶に残っていくだろう。洋菓子屋、花屋、ブティックなどかわいいお店なら、かわいいイラストレーションも効果的だろう。

かつてバブルの頃は、美しい商用車を多く見かけた。なぜかというと人材不足が原因で運転手が見つからない。かっこいい商用車、かわいい商用車ならアルバイトの運転手が見つかったのである。アルバイトの選択理由がそんなところにもあった。

ファーストフードショップの店員やファミリーレストランのウエイトレス、ガソリンスタンドのアルバイトを確保するために、そのユニフォーム

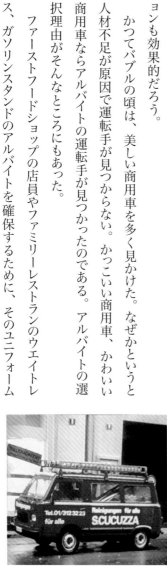

が極めてセンスの良いものにデザインされていった。同じ現象が商用車のデザインにも起きていたが、残念ながら多くは姿を消している。商用車が広告効果、さらには都市景観にも寄与するという考えは、大きく欠落しているようだ。

スイス・チューリッヒの町を走る商用車は、トラックでさえ見事なくらいカラーリングデザインが美しい。街に花咲くようである。もちろん洗車もよくされており、タイヤまで清潔である。デザインのポイントは色彩とロゴタイプだけである。商店の看板やディスプレイが美しいように、その店の商用車も美しい。

前ページより、シンプルで美しい、かつ視認性の高い商用車（スイス・チューリッヒ／1990年）

37　見上げた美しい空に、ふさわしい高架水槽を、時には消して

高架水槽とは、中高層の建築物において屋上に設置し、水を貯めておく容器のことである。低層住宅では、水道から直接水を利用できるが、中高層の建築では、水圧不足を避けるために何らかの措置を講じる必要がある。高架水槽はそのひとつで、ポンプで高架水槽に水を上げ、高架水槽から給水を行う。

水質を保つために、定期的な点検、清掃が必要である。高架水槽内に菌が繁殖していたなどの事件がたまに起きている。点検、補修が容易にできる設計基準が細かに定められている。高架水槽は、液化ガス、アルコール、ガソリンなどの貯蔵タンクとは異なり、法規的には一般建築物と同じ建築基準法扱いとなるため、安全性が確かめられればあらゆる形状が可能となる。したがって、高架水槽は美的要素を加味した設計を行う場合が多々あり、広告塔、シンボルタワーとして

多くの高架水槽が無造作に並ぶ中高層風景（名古屋市／2020年）

の役割を兼ね備えている場合がある。

マンションなどは、表札とマンション会社の広告を兼ねてマンション名を大きく表示している例が多いが、マンションサイズに不釣り合いのことが多く、集合住宅としての品位を欠いてしまっていることがある。バランスに充分な配慮をして、小さめに表示したいものである。

社屋などのオフィスビルは、高架水槽を広告塔にしている例が多いが、美しい建築設計に対して、社名表示デザインが良くないものが多い。まず建物の美しさの中に取り込まれるように謙虚な表示を心がけるべきである。むしろその方が広告としての効果も大きい。

高層のものには、貯水槽を屋上中央部に設置し、地上からは完全に見えないように配慮した例がある、地上からの景観はすっきりとし、建築のダイナミズムが生きている。景観意識が高まってきているといえる。

高架水槽が建築の美しさを削ぐことは広く認識されており、ルーバー*で囲ったり、建物と一体化を図った試みも多い。ルーバーは、羽板の角度によって、外部からの目線や日光、風雨などを一定に遮ること

ルーバーによって修景を図った高架水槽（名古屋市／2020年）

ルーバー＊羽板《はいた》と呼ばれる細長い板、または羽板状の部材を平行に複数並べたものの総称

ができるため、日よけ、雨よけ、通風換気などに使用され、高架水槽の保護に向いている。施工費が比較的安価で利用度が高い。しかし地上からの景観を意識してのルーバーの間隔、色彩にもデザイン認識が必要である。隠すという発想ではなく、ルーバーを美しく見せるという建築全体からの視点が求められる。

私たちは常日ごろ、背丈より低い視野で町の景観を認識しており、いわゆる足下の美しさには敏感である。煙草の吸い殻一本に不快感を表す人も多い。地上から数十メートル上の景観は普段意識されることは少ない。久しぶりの晴天、美しい雲、虹の出現など晴れやかな気分の時、空を見上げ、その空に関わる景観として中高層建築の高層部景観がある。

いまのところ高層景観という概念はないが、景観意識が高まる現在、美しい空を求める心にふさわしい高層景観を創り出したい。

高架水槽を公道の視界から外した建築設計（名古屋市／2020年）

38 道路不法占拠する置き看板、違法と合法のはざま

三十数年前、名古屋市都市景観アドバイザーの任に着いた頃の話である。アドバイザーの机のある都市景観室のカウンターに「俺の店の看板、勝手に処分しやがってどうしてくれるんだ」と大剣幕で飛び込んで来た飲食店オーナーがいた。景観担当職員は落ち着いて「あなたの店の看板は、公有である歩道に置かれていました。これは道路不法占拠という法律に触れ、違法となります。警察の協力によって撤去いたしました」。飲食店主人は全く納得がいかず、いつまでもごねていたが、さすがに埒が明かないと判断、ブツブツ言いながら帰って行った。

景観に関する問題であるが、道路不法占拠に対しては、公道をきちんと交通に使用するために管理、取り締まるのは警察の任務。他の迷惑看板と異なるのは、この交通に関する法律があるためである。ところが日本の町は、繁華街はもとより小さな商店街でも、バイパスのド

店舗とイメージの一体化を図る置き看板（岐阜県高山市／1988年）

店舗のメッセージを伝える置き看板（神戸市／1985年）

スマートなフォルムの置き看板（岐阜市／1983年）

ライブインレストランでも、あたりまえのように公道に置き看板が並んでいる。看板の上部に、注意を引きつけるためにクルクル回るランプを取り付けてあるのをよく見かける。通称パトランプと呼ばれるもので、景観上は極めて不快なものだが、違法ではない。公道に置かれている看板が違法なのである。

　歩行者が、この置き看板にぶつかって怪我を負った場合、責任は道路上に不法に看板を置いたオーナーにある。また暴風などで看板が飛ばされ、事故が起きる場合も同様に責任が問われる。

　なぜ、不法置き看板が林立するのか。多くはこういう法律があることを知らないこと。なんとなく知っていても誰も彼もやっているので、赦されるだろうという甘えがあること。しかし、こういう中で複雑なことがある。置いても全く問題のないのは私有地で、私有地を公共空間としてに道路と見間違うように提供している場合がある。公道としてオープンにしている私有地は、一見同じような風景に見えるので、違法と合法が混在している。公開空地などは特にそういう印象を与

植物との対比が美しい置き看板（東京・青山／1980年）

視線を低く、横位置の意外性で気を惹く置き看板（長野県松本市／1980年）

える。一般市民には極めて判りにくい。

もう一つ、置き看板は店の広告として大きな効果があるということ。歩行者、あるいはドライバーでも、前方の道路に集中して進行しているので、そこに視線を遮るように看板を置けば、視界に入りやすい。他の多くの看板は高い位置にあり、通常の視界には入りにくい。

繁華街において競争の激しい置き看板には、醜いものも多いが、魅力的なものも少なくないのが興味深い。私有地内に置けば合法で全く問題はないので、歩行者を楽しませる街の花となる置き看板もある。

魅力的な置き看板は、店舗と一体化したものや、植物と組み合わされて演出されている場合など、美しく際立たせることができる。また、内照式の場合は、夜の足元照明となり、入店に優れたアシストとなる。私有地に置けば合法であり、効果的なデザインに充分配慮したい。

欧米では、歩道に看板を置くなどということはない。歩道に置かれるのは、フラワーポットやベンチ、水飲み場のように多くの市民共通の公的資産のみである。

素材、制作技法とも商品とのイメージ統一する置き看板（岐阜県高山市／1990年）

夜間での入店誘導に大きな効果のある置き看板（岐阜県高山市／1996年）

39　心と身体の潤い、幸福の風景としての水飲み場

町の戸外での生活に欠くことのできないものの一つに水飲み場がある。ヨーロッパの町では、広場には必ず水飲み場が設置され、飲み水だけではなく生活用水としても多様に利用されていた。それはかつての日本の共同井戸を思い起こす風景だった。都市に水を引くことは大事業であり、個人で設けることなど考えられない時代の産物である。そこに広場のコミュニティが生まれた。日本では井戸端会議が生まれた。

個々の住宅に水道が引かれることが当たり前の今、広場の水飲み場の重要性は低くなってきているが、決して欠くことのできないものである。いざ災害という状況で、水飲み場はライフラインとして極めて重要な存在となる。したがって、公園や広場などの避難所には必ず水飲み場が設置されている。近年の災害の発生状況から、広域避難所には大規模な水道設備が必須となっている。そのほか、ショッピングモール、ス

古くからの水飲み場が残る（ローマ／1984年）

利用者の多い駅前広場の水飲み場（甲府市／1989年）

ポーツグラウンド、テーマパークなど、人の賑わう場所に水飲み場は欠くことのできないものだ。用途は、飲料用だけでなく、手洗い、足洗いとしても利用されるので、そうした配慮の構造となっている。

水飲み場に求められるものは、安心・安全である。賑わい空間にあるストリートファニチャーとして、デザインは楽しいものでありたいが、見た目にも実際にも優先されるのは、清潔さである。

かつての水飲み場は、宗教的、神話的意味も込められ、龍や獅子などのシンボル的なもののもあった。しかし現代では、清潔感からシンプルなものが求められる。維持管理上、清掃が容易であることが修景デザインの大きなコンセプトになっている。結果、角柱、円柱を基本とするおとなしいデザインになりがちである。都市の小さな幸福を象徴する水飲み場という考えからは、望ましい姿といえよう。

素材は、石、コンクリート、陶磁器、プラスチックのほか、鉄、アルミニウム、ステンレスなどの鋳造もあるが、清潔さを求められる維持管理を考えると、石、ステンレスがふさわしい。

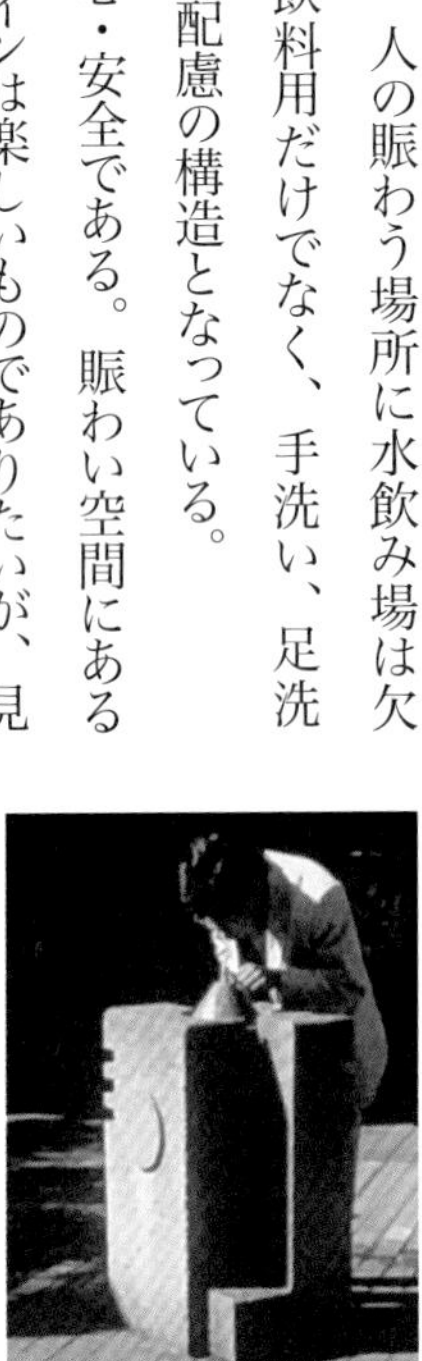
造形的魅力も追求された水飲み場（横浜市／1985年）

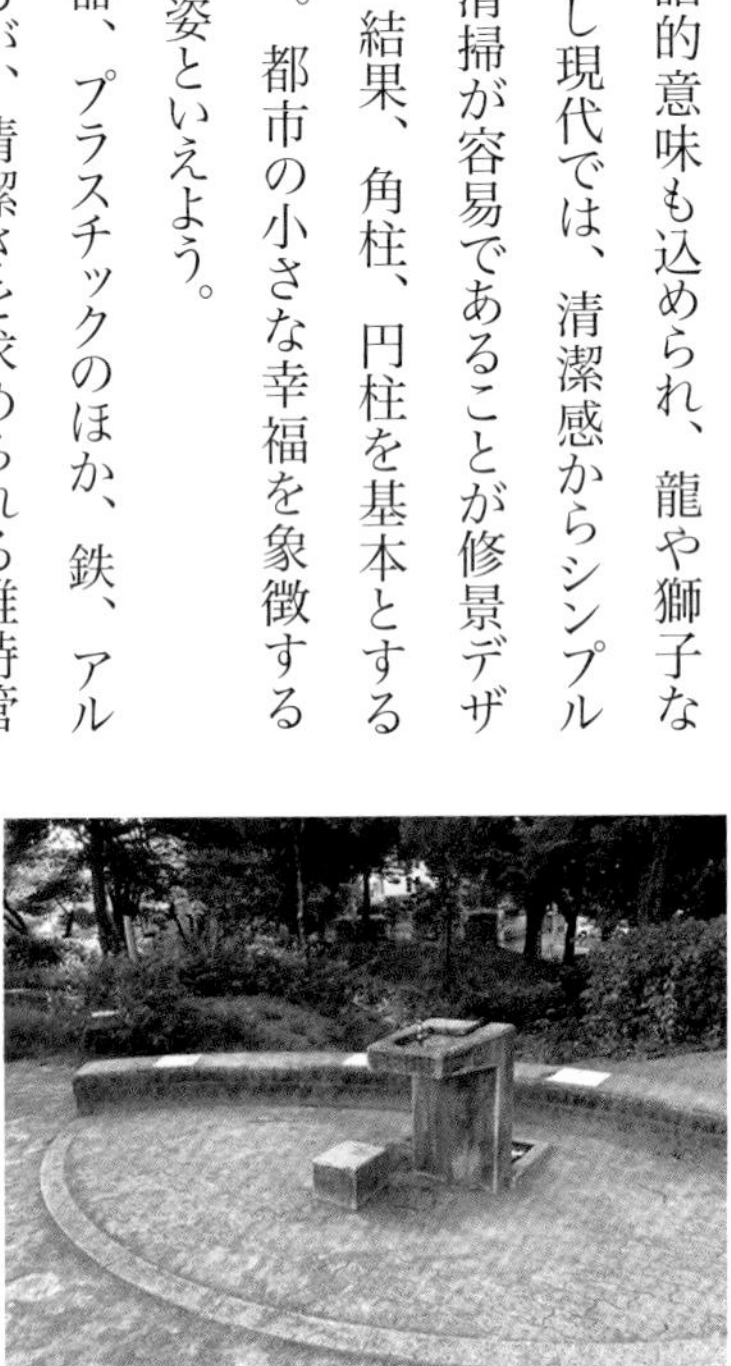
コーナーデザインされた水飲み場（名古屋市／2020年）

清潔さが保たれなければならないにも関わらず難しいのは、公園内の隅という立地とゴミが集まりやすい複雑な機能形態にその要因がある。形態は、水飲み蛇口、手洗い蛇口、足洗い場、排水溝、さらに子どもたちのために、ワンステップの台座が添えられることも水飲み場の大切な要素である。子供の背丈に合わせ全体を低くしたものもあるが、高齢者には使いづらい。またに排水溝はゴミや枯れ葉が集まりやすい等、多くの困難を抱えている。

公園のトイレは、一般に管理責任者である自治体が外注契約で清掃を行っている。トイレの清掃範囲を拡大する形で、水飲み場も定期的に清掃を行うことが望まれる。

造形的違和感のある子ども用ステップ（名古屋市／２０２０年）

ゴミや枯れ葉が集まりやすい排水溝（名古屋市／２０２０年）

40　粋な塀、野暮な塀、住む人の心がつくる住まいの景色

「粋な黒塀見越の松……」と、「お富さん」の歌で親しまれた美しい黒塀の景色も次第に見られなくなりつつある。

一般に塀というものは、私有地と他を区別するために境界に建てられる。プライバシーを守るための目隠しであり、防犯もまた目的とすることも多い。

遮蔽することが第一目的ではあっても、そこには「塀そのものが見える」という現実がある。かつての黒塀は、住まいから見ると手前の庭の背景として、造園を構成する要素の一つとして存在した。一方で外側からの眼もまた意識されるものとしてあり、美しい町景観に配慮されたものでもあった。

黒塀の黒は、常に塗り替えられ黒々と深く、褪せて貧相な黒であってはならない。小屋根を設け、屋敷との視覚的調和を図り、露骨な遮

見越しの松との美しい対比を見せる黒塀（半田市／1990年）

徳川美術館の味わい深い陶器塀（名古屋市／2016年）

蔽目的を和らげる。庭の樹木が覗いて見え、見越の松などは行き過ぎる人々の眼の保養になっている。お屋敷というのは塀の内側の美しさが滲み出るような姿であるべきで、除草され、水が打たれた屋敷周りに凛とした暮らしが見てとれる。

徳川美術館の塀は、美しい佇まいにふさわしい陶器塀で、石垣、漆喰で重ねられた陶器、そして陶器瓦、風格とはこういうものを指すだろう。

金沢の武家屋敷の塀は、石垣に生えた低木が水路の流れに美しく映え、自然を組み込んだ演出を見せている。

横浜の港が見える丘公園に向かう山の手町、洋館が多く、洋風の庭を眺めながらの歩道となっている。洋風の塀は低く設けられて、美しい煉瓦塀は、花で彩られている。

庶民的な美意識が見られる瀬戸の住宅塀は、不要となった陶器を積み重ねて紋様を描いている。急な坂道に楽しい紋様は、通り過ぎる人の足取りを軽くしているに違いない。

清流と美しい調和をなす塀（金沢市／1980年）

ツツジの花が彩りを添える煉瓦塀（横浜市／1980年）

このように住む人の発想で造られた塀ではあるものの、人々が暮らす町を形成するものとして、塀は外部よりの美しい景観が求められる。それは外部の視点もまた自らの眼であり、地域コミュニティから生み出された身だしなみのようなものである。

残念ながら、地域コミュニティが失われつつある現代にあっては、外からの視点に配慮がなくなりつつある。プライバシーを守るための目隠しと、防犯目的が露骨に感じられる塀は、時として刑務所のように高く、倉庫のように口を閉ざし、道行く人々の心を暗く重くする。野暮な塀のなんと増えたことだろう。

近年、警察との協力のもとに「防犯カメラ設置推進地区という」犯罪警告目的の黄色いポスターを見かけるようになった。ポスターは、ビニール製で長期使用を前提としている。防犯カメラは、犯罪のみを記録撮影するわけではない、町を訪れるすべての人の行動を監視する。もちろん監視カメラがどこに設置されているのか判らない。ポスターは脅しであって、設置されていないのかもしれない。そういう不信感の漂

美しい文様を作り出している陶器塀（瀬戸市／2010年）

う町が住みやすく美しいとはとても思えない。塀は掲示板ではない。

中心街は、オフィス、大型店舗が立ち並び、住宅が減っていく。住む人の顔は見えず、町行く人の顔も表情を伺うことはない。あくせくとした土地利用が町を世知辛いものにしてゆく。せめて住宅街は、住む人の顔が見え、住む人の家が見える町であって欲しい。内着には内着、外着には外着の身だしなみがあるように、住宅の塀にも美しい身だしなみが求められたいものである。

落ち着いた色調の塀に黄色の警告ポスター（名古屋市／2023年）

41　夜景、遊ぶ町の風景と住む町の風景の矛盾

夜景といえば、「香港の百万ドルの夜景」「ラスベガスの夜景」とか、神戸、函館が「百万ドルの夜景」とか、なぜ百万ドルなのかはともかく、これらは町全体の遠景であって、町を見渡せる小高い丘があれば、都市の夜景というものはほぼ見事なものである。『消えるデザイン』で考察を試みているのは近景、および中景である。観光や遊行で見る景色を対象とはしない。なぜならそれらは賑わいや楽しさ、ときには猥雑さをも求められるからであり、ときに無責任さが伴う。住んでいる町、所用で訪れた町に快適な景観がないがしろにされてはならない。

夜景、夜の景観もまた大切である。夜の景観の最も重要な点は、安全性である。安全には二つあって、事故を防ぐための安全と、犯罪を防ぐ安全である。いずれにしても、先ず十分な明かりが必要である。明かりについては照度(ルクス＝lx)を単位として、日本産業規格

観光都市は眩し過ぎるほどの明るさで、時には不快を感じさせる(アメリカ・ラスベガス／2007年)

（JIS）として定められている。もちろん、あくまで基準であって、場所、状況、利用者の能力にもよるもので、安全性に絶対はない。駅や商店街、繁華街の賑わいのあるところは、おのずと明るさは確保され、時には眩し過ぎるといった状態を生み出している。眩しさ（グレア）は良好な見え方を阻害するもので、不快感や物の見えづらさを生じさせ、必ずしも安全とは言えない。

商店街の明るさは、商店内の証明が街路にはみ出していることによって保たれていることが多く、一斉定休日には明るさが確保されていないことが多い。近年の不景気による商店街のシャッター街化は、事故、治安、景観のあらゆる点から芳しくなく、さらに不景気を呼び込むことになってしまっている。一方でコンビニエンスストアの二十四時間営業は、特に治安の点で町に大きく貢献している。

夜景を担い、演出する主力は街路灯であるが、街路灯のデザインは、昼夜景観とも優れているものが極めて少ない。街路灯は、その見本がヨーロッパの旧市街にあるクラシックなものに依っているからであり、しか

治安に大きく貢献する商店街の明るさ（名古屋市／2023年）

コンビニエンスストアの明るさは、夜の町に必要なものとなっている（名古屋市／2023年）

もそれはガス燈時代からのデザインである。近年、町の景観近代化にともない、モダンなデザインが登場してきたが、一方で商店街の衰退によって街路灯のデザイン変更が困難な状況にある。

夜景の魅力を添えるものに提灯がある。「赤提灯」に代表されるような和の商品を扱う店の演出、また城下町や武家屋敷街には、提灯が町の魅力的な景観を演出する。祭りや縁日には、特別な日のシンボル的役割を果たすことができる。

クリスマスから正月にかけてのイルミネーションも非日常を演習する優れた効果がある。商店街の演出のみならず、近年はＬＥＤの導入により個人住宅でもイルミネーションを楽しむようになり、景観、安全に寄与している。

ライトアップもイルミネーション同様、節電の立場からの反論があるが、町のランドマーク、文化的建造物を象徴するものをライトアップし、市民の誇りを育みたい。また町を訪れる人にも歴史、文化をアピールするものでありたい。

提灯は照明機能とともに、庶民的な町の演出に欠かすことができない（福岡市／２０１９年）

熱帯気候の中、クリスマスイルミネーションが行われる（シンガポール／１９９６年）

42 音の風景、騒音と雑音の町に、サウンドスケープ*の美しい響きを

「いらっしゃいませ」「ありがとうございました」「青信号です、気をつけてお渡りください」「列車が参ります、黄色い線の内側でお待ちください」「左に曲がります、ご注意ください」町は電子音や録音の声で溢れている。車のエンジン音が、クラクションが、救急車、消防車、パトカーのサイレン音が加わって町が生み出す騒音とまみえる。

目は風景を見て、耳は音の風景を聞く。圧倒的な目の情報量で過ごしている私たちは、音の風景に対して鈍感だ。目を瞑れば音の風景が聞こえる、それは視覚障害を持つ人の風景でもある。

騒音問題に至るまでもなく、町の音の風景にも意識を向けたい。必要か不要かだけではなく、心地良いか不快か、音量は適正か、音質はふさわしいだろうか。町の音の風景が快適であるためにサウンドデザインがある。サウンドデザインとは、さまざまなニーズに合ったサウンド

サウンドスケープ*音を意味する「サウンド」と、眺め・景色を意味する「スケープ」との複合語。カナダの現代音楽作曲家であり、音楽教育家・環境思想家でもあるR・マリー・シェーファーによって提案された

風によって奏でるサウンドモニュメント（名古屋市・庄内緑地公園／1990年）

トラックを作成するための技術と実践。これには、オーディオ制作技術とツールを使用し聴覚要素を指定、取得、または作成することである。サウンドデザインを風景の中に生かしたものをサウンドスケープデザインという。

一九八九年、住宅・都市整備公団(現・都市再生機構)よりの依頼で、アートヒル三好ヶ丘(愛知県みよし市三好丘ニュータウン)の総合サイン計画のデザインを行った。アートのある町(野外彫刻七十点が設置されている)にふさわしい案内サインというのがコンセプトである。すでに駅前ビルにはカリオン*が設置されており、町のシンボルとなっていることから、これを活かしたデザインとしたいとのことであった。

町の入り口四ヶ所にモニュメントを建て、遠方からのランドマークとした。モニュメントの下部には、総合案内サインを組み込む。頂部には、三個のカリオンを組み込み、正時にはコンピュータで自動演奏が流れる。

このプランを考えた段階で、『都市の音』、『街のなかでみつけた音』

カリオン*調律した鐘と鍵盤を組み合わせて演奏する有音程打楽器。音色を揃え調律した青銅製の鐘を複数組み合わせ、鍵盤を使ってメロディーと和声を演奏する。多くは塔状の建築物に納めた鐘を、塔内にあるコンソールから演奏する

けたたましい発車ベルは、耳に心地良い電子音メロディに変更された（東京・東京駅／1991年）

（ともに春秋社刊）の著者であり、サウンドデザイナーの吉村弘氏にアドバイスを受けた。吉村氏からの提案で、四基のモニュメントはそれぞれ異なる小鳥の鳴き声の曲とする。小鳥はこの三好ヶ丘に棲んでいる小鳥とし、吉村氏が作曲を担当してくれた。これまで多くの施設内外でサウンドデザインを行った経験を生かし、音色、音域、音量、リズムなど、地域環境への充分な配慮をしていただいた。

　さらに駅前広場の総合案内サインには、簡単な曲が演奏できる楽器カリオンを設置、子どもたちの人気となっている。

　ニュータウンの計画はこのようにゼロから始めることができるので、優れたデザインの実現も可能であるが、既存の町の場合には、風景も音の風景も、騒色、騒音にあふれていることが多い。それを不快なものとして意識することは苦痛である。仕方のないものと受け入れられてしまって、私たちにストレスを与え続けているのである。サウンドスケープという認識の仕方が、意識改革の一ヒントになることができれば嬉しい。

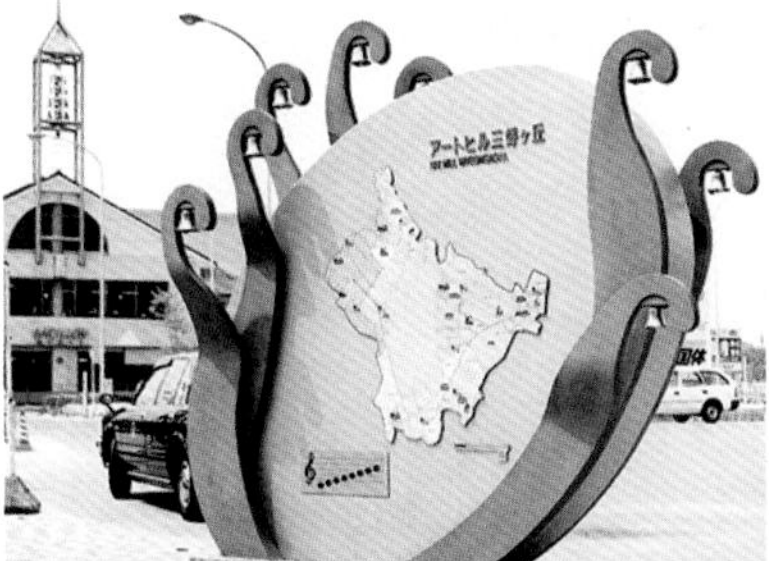

視覚と聴覚の景観デザインに配慮したアートヒル三好ヶ丘のサイン（みよし市／1991年）

結　デザインを消す、心と時間

本稿は、『季刊C&D』(名古屋CDフォーラム発行)119号(一九九九年)から156号(二〇一一年)に寄稿したものを再考、追加したものである。四十二項目において、「風景におけるデザインを消す」というテーマで町のさまざまな要素を考察してきた。五十年名古屋に住み、名古屋で活動してきているので、写真も含めて事例は、名古屋市を中心に多く取り上げることになった。しかし、そのことが決してこの地域の特殊実態ではないと言える。後ページで紹介する取材地を見ていただければ、事例が一般的なものとしての認識の上にあると理解いただけると思う。むしろ東京や京都、あるいは人気観光地、過疎の町村の事例ではなく、日本の多くの町が抱えている景観問題を取り上げることができたと考えている。それぞれ表面上ではなく、状況、システム、法規、原因を追求するにあたり、どうしても調査に有利な行動半径ということになっている。

この五十年、海外を含めて多くの町を見てまわった。フィールドワークは、好奇心から始まり、学びとなり、ライフワークとなり、人生になった。まだまだ多くの事象が気になっているものの、人生の残り時間が少なくなってきた。後進の研究のわずかな資料にでもなるように、出版の決意に至った次第である。

こういう研究書は、大都市や欧米の先進事例を中心に書かれたものが多い。また私もそういう思考で、大都市を調査し、欧米諸国に出かけた。十年ほど過ぎて、視覚的にも精神的にも魅力的な町は、決して機能的でシャープで美しい町ではないことに気づいた。概ね目につく斬新なデザインは、大都市や新市街地に集中しており、そのための費用も充分にかけられたものだ。

私の感じる視覚的にも精神的にも魅力的な町は、旧市街であることが多く、そこにはほとんど斬新なデザインが見当たることはなかった。古くから続いている靴屋であり、花屋であり、レストラン、バーだった。長く使い古された看板であり、居心地のいいベンチだった。もちろんそれらもデザインされたものだが、デザインが、人の気を引き、新しく注目を浴びるためのものではなかった。人の心を形にし、時間とともに愛着が高まっていくものだった。消えるデザインの基本的な考えである。

そこから、デザインがむき出しな都市計画、都市景観、都市美ではない視点が私の中で育まれていった。都市計画があって町があるのではない。暮らしがあって町があるのだ。更地で始める都市計画というのは、極めて稀で、すでに存在する町のマイナーチェンジとしての都市計画が日本の手順である。したがって十年計画であるとか、十五年計画とかのスパンで行われる。その間に、政治も経済も、文化も変わっていく。先を見通すということは、当然計画書の前文に書かれているが、簡単なことではない。

都市計画、景観計画のプロジェクトチームは、民間の学識経験者が集められる。多くは大学教員である。主に建築、土木、それに芸術、文化、マスコミ等が加わる。いつも「この顔ぶれで良いのか」と気にかかる。それでも土木でも建築でもない私が、こういったプロジェクトに多く関わることができたのは、幸いであった。

手元に、『名古屋市都市景観基本計画』(編集・発行／名古屋市計画局都市計画部都市景観室 昭和六十二年三月三十一日)がある。名古屋市都市景観審議会委員二十四名、名古屋市都市景観審議会基本計画部会委員七名、名古屋市都市景観審議会幹事十二名、名古屋市都市景観審議会基本計画部会研究班員十五名、延べ五十八名が携わっている。A4版二五二ページに及んでいる。昭和五十五年度の名古屋市都市景観懇談会の発足から六年をかけている。私は当時、名古屋市都市景観アドバイザーの任にあって、計画づくりには参加していないが、あらためて読み返してみて、大変優れたものになっている。

しかし、三十五年が過ぎた現在、景観モデル地区である名古屋駅地区も久屋大通地区も残念というほかない。醜いとされた電柱や屋外広告(商業看板)は激減したが、醜い屋外広告は底を打ったかのように、少しずつ増えつつある。緑化構想は、確実に豊かになって来ていたが、久屋大通公園では欅が大量に伐採された。「町の景観」への市民の認識は、積み重なっているのだろうかと思うこの頃である。

名古屋市景観基本計画冊子(1987年)

景観に関わる業務　年代順　※（　）内は業務当時担当名称

1981　名古屋市観光ルートマップ・観光ルート案内板デザイン委員会（名古屋市商工部）
1982　商店街特定問題研究会／商店街の演出（愛知県商工部）
1983　商店街特定問題研究会／商店街のまつり（愛知県商工部）
1984　商店街特定問題研究会／商店街はくらしの広場（愛知県商工部）
1985　名古屋市中村区史跡散策路マップデザイン（名古屋市中村区）
商店街特定問題研究会／商店街の情報（愛知県商工部）
商店街近代化特別推進委員会／中津川市・西太田通り商店街（岐阜県商店街振興組合連合会）
商店街近代化特別推進委員会／瑞浪市・浪花通り商店街（岐阜県商店街振興組合連合会）
商店街コミニティ活動企画策定委員／刈谷市・銀座中町商店街　（愛知県商店街振興組合連合会）
1986　商店街近代化特別推進委員会／岐阜市・レンガ通り商店街（岐阜県商店街振興組合連合会）
近代化特別推進委員会／CI手法による商店街活性化　（岐阜県商店街振興組合連合会）
商店街特定問題研究会／商店街の人づくり（愛知県商工部）
名古屋市都市景観アドバイザー（名古屋市計画局）〜1989
名古屋市景観審議会専門委員／歩行者系サインマニュアル（名古屋市計画局）
1987　近畿自動車道名古屋亀山線遮音壁景観検討委員会（日本道路公団）
世界デザイン博覧会会場関連地下鉄駅改修計画（名古屋市交通局）
商店街近代化特別推進委員会／岐阜市・真砂町9商店街（岐阜県商店街振興組合連合会）
1988　商店街活性化アドバイザー（通産省）

日本大正村基本構想委員会（財団法人日本大正村）
1989 瀬戸線緑道検討委員会委員（名古屋市農政緑地局）
瀬戸川文化プロムナード計画策定懇談会（瀬戸市）
岐阜県都市景観懇談会（岐阜県土木部）
1990 三重県都市景観アドバイザー（三重県土木部）～1992
伊勢湾岸道路橋梁形状に関する調査研究会（財団法人高速道路技術センター）
1991 半田市まちづくり顧問（半田市）～1999
半田市都市景観基本計画（半田市）
1992 シビックデザイン検討委員会（建設省中部地方建設局）
1994 刈谷市都市景観基本計画策定委員会（刈谷市）
半田市ふるさと景観づくり検討会議（半田市）
都心の賑わいづくりを考える懇談会（名古屋市経済局）
1995 半田市景観アドバイザー（半田市都市計画課）～2023現在
半田市ふるさと景観審議会（半田市都市計画課）～2023現在
三重県屋外広告物審議会（三重県土木部）
東海の町並み60選選定委員会（朝日新聞名古屋本社）
1996 岐阜市都市景観審議会（岐阜市）
2001 名古屋高速道路色彩検討委員会（名古屋高速道路公社）
東名阪道結線鈴鹿川橋等色彩検討委員会（日本道路公団）
2004 松本市中町景観アドバイザー（松本市松本・中町蔵のあるまちづくり推進協議会）～2008

日本国内取材地（県庁所在地、五十音順）　※自治体単位

北海道（札幌市、旭川市、石狩市、小樽市、帯広市、釧路市、函館市）
青森県（青森市、十和田市、弘前市）
岩手県（盛岡市）
宮城県（仙台市）
秋田県（秋田市、男鹿市、仙北市）
山形県（山形市）
福島県（福島市、会津若松市、喜多方市、郡山市）
茨城県（水戸市、つくば市）
栃木県（宇都宮市、足利市、栃木市、那須塩原市、日光市）
群馬県（前橋市、桐生市、高崎市）
埼玉県（さいたま市、所沢市）
千葉県（千葉市、九十九里町、浦安市、佐倉市、成田市、船橋市、南房総市）
東京都（荒川区、板橋区、江戸川区、江東区、大田区、品川区、渋谷区、新宿区、杉並区、世田谷区、台東区、中央区、千代田区、豊島区、中野区、練馬区、文京区、港区、目黒区、国立市、立川市、武蔵野市、八王子市、福生市、町田市、三鷹市）

神奈川県（横浜市、大磯町、小田原市、鎌倉市、川崎市、逗子市、茅ヶ崎市、箱根町、葉山町、平塚市、藤沢市、真鶴町、横須賀市）
新潟県（新潟市、阿賀野市、糸魚川市、柏崎市、上越市、燕市、津南町、十日町市、長岡市）
富山県（富山市、魚津市、黒部市、高岡市、砺波市、滑川市、氷見市）
石川県（金沢市、穴水町、小矢部市、加賀市、珠洲市、七尾市、能登町、輪島市）
福井県（福井市、永平寺町、大野市、小浜市、越前市、鯖江市、敦賀市）
山梨県（甲府市、富士河口湖町、富士吉田市、山中湖村）
長野県（長野市、上松町、安曇野市、飯島町、飯田市、飯綱町、伊那市、上田市、岡谷市、小布施町、軽井沢町、小諸市、駒ヶ根市、佐久市、塩尻市、諏訪市、茅野市、立科町、千曲市、南木曽町、野沢温泉村、白馬村、原村、松本市）
岐阜県（岐阜市、池田町、揖斐川町、恵那市、大垣市、各務原市、笠松町、可児市、北方町、岐南町、郡上市、下呂市、飛騨市、白川町、白川村、関ケ原町、関市、高山市、多治見市、垂井町、土岐市、中津川市、羽島市、瑞浪市、瑞穂市、御嵩町、美濃加茂市、美濃市、本巣市、八百津町、養老町）
静岡県（静岡市、熱海市、伊豆市、磐田市、掛川市、下田市、沼津市、浜松市、袋井市、藤枝市、富士宮市、松崎町、三島市、焼津市）
愛知県（名古屋市、愛西市、阿久比町、あま市、安城市、一宮市、稲沢市、犬山市、岩倉市、大口町、大治町、大府市、岡崎市、尾張旭市、春日井市、蟹江町、蒲郡市、刈谷市、北名古屋市、清須市、幸田町、江南市、小牧市、瀬戸市、設楽町、新城市、高浜市、武豊町、田原市、知多市、知立市、津島市、東栄町、東海市、東郷町、飛島村、常滑市、豊明市、豊川市、豊田市、豊根村、豊橋市、豊山町、長久手市、西尾市、日進市、半田市、東浦町、扶桑町、碧南市、南知多町、美浜町、みよし市、弥富市）

三重県（津市、伊賀市、伊勢市、いなべ市、尾鷲市、亀山市、川越町、紀北町、熊野市、桑名市、菰野町、志摩市、鈴鹿市、多気町、玉城町、東員町、鳥羽市、名張市、松阪市、南伊勢町、明和町、四日市市、度会町）

滋賀県（大津市、近江八幡市、草津市、甲賀市、高島市、長浜市、彦根市、守山市、東近江市、日野町、栗東市）

京都府（京都市、宇治市、大山崎町、長岡京市、福知山市、舞鶴市、宮津市）

大阪府（大阪市、岸和田市、堺市、豊中市、枚方市、藤井寺市、八尾市）

兵庫県（神戸市、尼崎市、淡路市、作用町、洲本市、姫路市、南あわじ市）

奈良県（奈良市、明日香村、斑鳩町、生駒市、宇陀市、御所市、橿原市、桜井市、曽爾村、天理市、大和郡山市、大和高田市、吉野町）

和歌山県（和歌山市、高野町、白浜町、新宮市、田辺市、那智勝浦町）

鳥取県（鳥取市、倉吉市、境港市、伯耆町、米子市）

島根県（松江市、出雲市、浜田市、益田市、安来市）

岡山県（岡山市、倉敷市、奈義町、新見市）

広島県（広島市、尾道市、呉市、廿日市市、福山市）

丸亀市）
愛媛県（松山市）
高知県（高知市、香南市、四万十市、土佐清水市）
福岡県（福岡市、北九州市、久留米市、太宰府市）
佐賀県（佐賀市、嬉野市、新見市）
長崎県（長崎市、五島市、西海市、佐世保市、島原市）
熊本県（熊本市）
大分県（大分市、臼杵市、別府市、由布市）
宮崎県（宮崎市、日南市）
鹿児島県（鹿児島市、奄美市、指宿市、霧島市、枕崎市、屋久島町）
沖縄県（那覇市、石垣市、浦添市、大宜味村、沖縄市、嘉手納町、宜野湾市、久米島町、竹富町、名護市、読谷村）

国外取材地（首都、都市五十音順）

〈アジア〉
大韓民国（ソウル、釜山、大邱、大田、慶州、光州、慶州）
中華人民共和国（北京、長春、成都、大連、香港、マカオ、上海、蘇州、平湖）
台湾（台北、花蓮、高雄、九份、屏東、台中、台南）
シンガポール（シンガポール）
マレーシア（マラッカ）
タイ（バンコク、アユタヤ、ラチャブリー）
トルコ（イスタンブール、カッパドキア）

〈ヨーロッパ〉
フィンランド（ヘルシンキ、トゥルク、ラハティ）
デンマーク（コペンハーゲン、フムレベック）
イギリス（ロンドン、サットン・コールドフィールド）
フランス（パリ、ジベルニー、モンサンミシェル、リヨン）
オランダ（アムステルダム、デン・ハーグ、ユトレヒト、ロッテルダム）
ベルギー（ブリュッセル、アントワープ、ブルージュ）
ルクセンブルグ（ルクセンブルグ）

ドイツ（ベルリン、ハイデルベルク、ハンブルク、フランクフルト、ホーエンシュヴァンガウ、ミュンヘン、ローテンブルク）
オーストリア（ウィーン）
スイス（インターラーケン、グリンデルワルト、ジュネーブ、チューリッヒ、ツェルマット、バーゼル、ユングフラウヨッホ、ルガノ、ルツェルン、ローザンヌ）
リヒテンシュタイン（リヒテンシュタイン）
チェコ（プラハ）
ハンガリー（ブダペスト）
イタリア（ローマ、ヴェローナ、ヴェネツィア、コモ、ジェノバ、トリノ、ナポリ、ピサ、フィレンツェ、ボローニャ、ミラノ、ルッカ）
バチカン（バチカン）
スペイン（マドリード、グラナダ、コルドバ、トレド、バルセロナ、バレンシア）

〈北アメリカ〉
アメリカ合衆国（オーランド、サンアントニオ、サンディエゴ、サンフランシスコ、ニューヨーク、ボイシー、ホノルル、ラスベガス、ロサンゼルス）

参考文献

アラン・コルバン『風景と人間』小倉孝誠訳　藤原書店 二〇〇二年
井澤知旦『名古屋都市・空間論 消毒された都市から物語が生まれる都市へ』風媒社 二〇二三年
石井幹子『環境証明のデザイン』鹿島出版会 一九八四年
稲葉宏爾『パリ街角のデザイン』日本エディタースクール出版部 一九九二年
井上 繁『都市づくりの発想 世界に見るカルチャー・シティ』丸善ライブラリー 一九九六年
イーフー・トゥアン『空間の経験 身体から都市へ』山本 浩訳　ちくま学芸文庫 一九九三年年
ヴァーノン・G・ズンカー『サンアントニオ水都物語』三村浩史監修 神谷東輝雄他共訳　都市文化社 一九九〇年
内田 繁『普通のデザイン』工作舎 二〇〇七年
漆原美代子『都市を愉しむ』廣済堂 一九九三年
海野 弘『遊園都市』冬樹社 一九八八年
海野 弘『東京の盛り場』六興出版 一九九一年
越後島研一『現代建築の冒険』中公新書 二〇〇三年
大河直躬 編『都市の歴史とまちづくり』学芸出版社 一九九五年
岡 邦俊『著作権の法廷』ぎょうせい 一九九一年
岡 邦俊『続・著作権の法廷』ぎょうせい 一九九五年

岡村多佳夫『バルセロナ 自由の風が吹く街』講談社現代新書 一九九一年
岡本柳英『行きている名古屋の坂道』名古屋泰文堂 一九七八年
オギュスタン・ベルク『風土の日本―自然と文化の通態』篠田勝英訳 筑摩書房 一九八八年
オギュスタン・ベルク『日本の風景・西欧の景観』篠田勝英訳 講談社現代新書 一九九〇年
柏井 壽『京料理の迷宮』光文社新書 二〇〇一年
柏木 博『近代日本の産業デザイン思想』晶文社 一九七九年
柏木 博『デザイン都市』INAX叢書一九九二年
勝井三雄、田中一光、向井周太郎 監修『現代デザイン事典1995』平凡社 一九九五年
鎌田 慧『ドキュメント・村おこし』筑摩書房 一九九一年
河井寛次郎『火の誓い』講談社文芸文庫 一九九六年
川村 湊『ソウル都市物語 歴史・文学・風景』平凡社新書 二〇〇〇年
神崎宣武『盛り場のフォークロア』河出書房新社 一九八七年
神崎宣武『観光民俗学への旅』河出書房新社 一九九〇年
神崎宣武『物見遊山と日本人』講談社現代新書 一九九一年
神崎宣武『盛り場の民族史』岩波新書 一九九三年
木下直之『ハリボテの町』朝日新聞社 一九九六年
佐々木幹郎『都市の誘惑―東京と大阪』TBSブリタニカ 一九九三年

静岡新聞編集局『いま街道は 東海道編』静岡新聞社 一九八四年
ジャン・ハロルド・ブルンヴァン『消えるヒッチハイカー 都市の想像力のアメリカ』大月隆寛他訳 新宿書房 一九八八年
陣内秀信『ヴェネツィア 水上の迷宮都市』講談社現代新書 一九九二年
鈴木 恂『光の街路―都市の遊歩空間―』丸善株式会社 一九八九年
世界都市産業会議企画委員会監修『都市産業革命宣言』プレジデント社 一九九五年
高田公理『都市を遊ぶ』講談社現代新書 一九八六年
高橋友子『路地裏のルネッサンス』中公新書 二〇〇四年
竹原あき子『環境先進企業』日本経済新聞社 一九九一年
田中恭子『シンガポールの奇跡』中公新書 一九八四年
谷川健一『地名と風土』思潮社 一九九一年
谷川正巳『建物のある風景』丸善株式会社 一九八七年
東海近代遺産研究会編『近代を歩く』ひくまの出版 一九九四年
中村昌生 監修『光と影の演出』学芸出版社 一九九一年
難波和彦『箱の家に住みたい』王国社 二〇〇〇年
南谷えり子 井伊あかり『東京・パリ・ニューヨーク ファッション都市論』平凡社新書 二〇〇四年
西澤 健『ストリートファニチュア』鹿島出版会 一九八三年
西山重德『野外彫刻との対話』水曜社 二〇一九年

日本都市学会編『都市憲章・地方都市の活性化』ぎょうせい 一九八九年
橋爪紳也『明治の迷宮都市 東京・大阪の遊楽空間』平凡社 一九九〇年
橋爪紳也『化物屋敷』中公新書 一九九四年
橋爪紳也『集客都市』日本経済新聞社 二〇〇二年
橋爪紳也『大坂モダン 通天閣と新世界』NTT出版 一九九六年
橋本太久磨『近代デザインの歩み』理工学社 一九六七年
長谷川堯『生きものの建築学』講談社 一九九二年
藤原恵洋『上海―疾走する近代都市』講談社現代新書 一九八八年
松岡正剛『花鳥風月の科学』淡交社 一九九四年
松葉一清『パリの奇跡―メディアとしての建築』講談社現代新書 一九〇三年
水野誠一 監修『20-21世紀 DESIGN INDEX』INAX出版 二〇〇〇年
溝尾良隆『観光を読む―地域振興への提言』古今書院 一九九四年
望月照彦『マチノロジー―街の文化学』創世記 一九七七年
望月照彦『都市は未開である マチノロジーの周辺領域』創世記 一九七八年
望月照彦『商業ルネッサンスの時代―街を再活性化する戦略発想―』ダイアモンド社 一九八四年
望月照彦『いま蘇る〝まち〟のコンセプト』日本コンサルタントグループ 一九八五年
望月照彦『都市商業の挑戦―21世紀型流通産業への布石―』創世記 一九八六年

望月照彦『都市民俗学1〜5』未来社 一九八八〜九一年
吉田富夫・荒木 実・服部鉦太郎『名古屋に町が伸びるまで』名古屋泰文堂 一九六四年
山田登世子『メディア都市パリ』青土社 一九九一年
吉村 弘『都市の音』春秋社 一九九〇年
吉村 弘『街のなかでみつけた音』春秋社 一九九四年
吉村元男・芦原幸夫『水辺の計画と設計』鹿島出版会 一九八五年
吉村元男『都市は野生でよみがえる』学芸出版社 一九八六年
吉村元男『エコハビタ 環境創造の都市』学芸出版社 一九九三年
若桑みどり『都市のイコノロジー 人間の空間』青土社 一九九〇年

※参考文献は、本書を執筆するに当たり、考えを参考にし、影響を受けたものであって、具体的に引用した場合は本文中に記載した。

高北幸矢（たかきたゆきや）
1950年三重県生まれ、三重大学教育学部美術科卒業
1972年名古屋造形芸術短期大学助手、講師、助教授、教授を経て、2006年名古屋造形大学学長、
現在名古屋造形大学名誉教授
個展：名古屋、半田、東京、鎌倉、松本、津、鈴鹿、名張、岐阜、池田町、美濃、スペイン、アメリカ、台湾などで70回
近年は古川美術館分館爲三郎記念館、椿大神社、横井照子ひなげし美術館等でインスタレーションを開催
著書：『公共空間のデザイン』共著（大成出版者）、『高北幸矢グラフィックデザイン』（高北デザイン研究所）、『高北幸矢インスタレーション「落花の夢」』（公益財団法人古川知足会）、『きおくにさくはな』（風媒社）
現在、清須市はるひ美術館館長、愛知芸術文化協会理事長

町の景観　消えるデザイン
2023年12月8日　初版第1刷　発行
著　者　高北幸矢
発行者　ゆいぽおと
〒461-0001
名古屋市東区泉一丁目15-23
電話　052(955)8046
ファクシミリ　052(955)8047
https://www.yuiport.co.jp/
発行所　KTC中央出版
〒111-0051
東京都台東区蔵前二丁目14-14
印刷・製本　亜細亜印刷株式会社
内容に関するお問い合わせ、ご注文などは、すべて右記ゆいぽおと
までお願いします。乱丁、落丁本はお取り替えいたします。

ISBN978-4-87758-563-1 C0070